普通高等教育公共基础课系列教材·计算机类

计算思维与Python语言程序设计
（基础篇）

主　编　吕彬骑　李　梦　胡　涛

副主编　姚红英　杨兴忠　毛春霞

科学出版社

北　京

内 容 简 介

本书以计算思维为主线，以 Python 程序设计基础知识为依托，采用案例教学的编写方法，将计算思维融入案例教学中，注重计算思维、实践思维等教育理念与内容的结合。同时，本书以大量的经典案例或实际问题求解案例为纽带，在各知识点间建立一种联系，强化各知识点间的融合，旨在让读者理解问题抽象化、程序化的过程，从而更好地培养读者的计算思维能力。本书在设计上由易到难，每章节的知识点讲解尽量用简单易懂的案例描述，以加强读者对知识点的理解；应用案例不仅综合了本章的知识点，还扩展了该案例所能实现的一些其他功能模块，同时增加一些背景小知识，使读者能够全面、深入地理解和掌握知识。

本书可作为高等院校计算机公共基础课的教材，也可作为以 Python 为基础的程序设计类课程的配套教材，还可以作为学习 Python 基础的自学参考书。

图书在版编目(CIP)数据

计算思维与 Python 语言程序设计. 基础篇/吕彬骑，李梦，胡涛主编. —北京：科学出版社，2022.2

（普通高等教育公共基础课系列教材・计算机类）

ISBN 978-7-03-070534-1

Ⅰ.①计… Ⅱ.①吕… ②李… ③胡… Ⅲ.①软件工具-程序设计-高等学校-教材 Ⅳ.①TP311.561

中国版本图书馆 CIP 数据核字（2021）第 224381 号

责任编辑：戴 薇 吴超莉 / 责任校对：赵丽杰
责任印制：吕春珉 / 封面设计：东方人华平面设计部

科学出版社出版
北京东黄城根北街 16 号
邮政编码：100717
http://www.sciencep.com
北京九州迅驰传媒文化有限公司 印刷
科学出版社发行 各地新华书店经销
*
2022 年 2 月第 一 版 开本：787×1092 1/16
2023 年 8 月第五次印刷 印张：8 1/2
字数：205 000

定价：28.00 元

（如有印装质量问题，我社负责调换〈九州迅驰〉）
销售部电话 010-62136230 编辑部电话 010-62135397-2032

前　言

教育是国之大计、党之大计。教育、科技、人才是全面建设社会主义现代化国家的基础性、战略性支撑。全面建设社会主义现代化国家，必须坚持科技是第一生产力、人才是第一资源、创新是第一动力，深入实施科教兴国战略、人才强国战略、创新驱动发展战略。高等教育人才培养要树立质量意识、抓好质量建设、全面提高人才自主培养质量。

计算思维是互联网与信息时代每个人都应具备的一种思维方式。它不仅是计算机专业学生应该具备的能力，而且是所有大学生应该具备的能力，大学生的创造性思维培养离不开计算思维的培养。大学阶段应更多地训练“思维”，而不仅仅着眼于“知识”（即事实）的学习，“知识”随着“思维”讲解而介绍，“思维”随着“知识”的贯通而形成，能力也会随着“思维”的理解而提高。

《计算思维与Python语言程序设计》分为基础篇和提高篇。本书是基础篇，旨在让读者理解计算机解决问题的方法和思路，掌握程序设计的核心概念，构建基本的程序设计思想，同时培养读者的计算思维，为学习提高篇中的知识打下基础。二者共同促进计算思维与各专业思维交叉融合形成复合型思维，为各专业读者今后设计、构造和应用各种计算系统求解学科问题奠定思维基础。

选择Python作为承载语言，是因为Python语言是一种简洁且强大的语言，具有简单易学、代码可读性高、程序清晰美观、可移植性强等优点，非常适用于计算机程序设计的教学和计算思维的训练。

本书共分6章，涵盖了Python的基础知识，内容安排如下。

第1章对计算、科学研究方法、计算机科学与计算学科、计算思维进行概述；第2章主要介绍Python的安装环境、Python语言的基本要素，包括基本数据类型及其转换、常数变量基本运算等；第3章介绍流程自动化，即流程的控制结构、选择结构和循环结构；第4章介绍存储自动化，包括索引、切片、列表、字典、文件等；第5章介绍函数式编程，包括函数的定义、调用，递归函数等；第6章介绍面向对象的编程，包括类、对象、继承、模块化编程思想等。前5章是计算思维概述和Python面向过程的编程基础知识，第6章读者可以根据自己的情况安排学习路线，有重点地进行学习。

参与本书编写的都是湖北民族大学信息工程学院多年从事计算机基础教学、有着丰富经验的教师。其中，第1章由杨兴忠编写，第2章由李梦编写，第3章由姚红英编写，第4章由胡涛和毛春霞编写，第5章和第6章由吕彬骑编写。胡涛负责全书的统筹和组织以及所有章节的修改。湖北民族大学硕士研究生毛春霞、赵玄玉和朱云云等同学对本书初稿进行了细致的校对，在此表示深深的谢意。

由于时间仓促，以及编者水平有限，书中难免存在疏漏和不足，恳请专家和读者不吝批评指正，以利于再版修订。

编　者

2021 年 9 月于湖北民族大学桂花园

目　录

第 1 章　计算与计算思维

1.1　计算需求与计算技术的演变

人类一直在追求实现自动计算的梦想。计算需求不断推动着计算技术的更新发展，计算技术的发展演变往往都是通过在不同时期计算工具的发展创新来体现的。计算工具的演化经历了由简单到复杂、从低级到高级的不同阶段，如从结绳记数中的绳结到算筹、算盘、计算尺、机械计算机等。它们在不同的历史时期发挥了各自的历史作用，同时也启发了现代电子计算机的研制思想。本节将介绍不同历史阶段计算工具和计算技术的发展演变进程。

1.1.1　远古时代的原始计算方法

纵观人类社会的发展，也是一部波澜壮阔的计算技术发展史，对计算能力的追求一直贯穿于人类文明的发展之中。最古老的计算工具就是人的双手，在不同历史时期世界各地的人们利用双手发明了不同的记数表示和计算方法，并在此基础上创造了不同记数工具、记数符号，采用不同的进制和位值来实现记数和计算，如古巴比伦采用六十进制的楔形数字记数法，古埃及和中国商朝采用十进制记数法等。然而古巴比伦和古中国的记数法都使用了位值的概念，古埃及以及古罗马虽然都采用了十进制记数法，但都没有位值的概念，表达大数时非常复杂。古印度人发明了阿拉伯数字，并采用十进制和位值制的先进记数方法，后来通过阿拉伯人传入欧洲，并通过欧洲普及到世界各地。我国古代采用了算筹记数和商码记数法，在 2300 多年前的战国时期发明了算筹，南北朝时期祖冲之使用算筹精确计算了圆周率，比西方早了近 1000 年。算筹记数法采用了十进制和位值制的记数方法。中国古代算盘由算筹发展而来，在元末明初广泛使用，对世界文明做出重要贡献。清华简《算表》（战国时期，约公元前 305 年）在 2017 年被载入吉尼斯世界纪录，成为世界上最早的十进制乘法表。

1. 记数的产生

在远古时代，没有文字前，人类文化传播主要是通过口耳相传。但口传受时间和空间及人类自身记忆的影响，许多重要的文化信息无法保存下来。人类产生数的观念最初可以追溯到旧石器时代，距今大约有上万年乃至几十万年的时间。当时穴居的原始人在采集食物和捕获猎物的集体行动中，免不了要与数字打交道，特别是在分配和交换剩余物品的活动中，必须要用数字进行简单的运算，早期人们原始记数的方法有石头记数、刻道记数、结绳记数等。

（1）原始记数

在原始社会时期，人们开始对如何记忆自身文化进行探索，长期的生产实践让他们学会了使用原始方法来记事和记数。比如，用小石子检查羊的只数；用结绳的方法统计猎物的个数；用在木头上刻道的方法记录捕鱼的数量；等等。要记住一件事或一个数字，就用结绳的方法来记事或记数。比如，在绳子上打结表示数字，单结表示10，双结表示20，重结表示100，双重结表示200，等等，以用来记录收获的多少。对于古代的人们来说，这些大大小小的“结”是他们用来回忆过去的唯一线索。原始社会创造了以绳结形式反映客观经济活动及其数量关系的记录方式。结绳记事是被原始先民广泛使用的记录方式之一。

（2）书契记数

书契记数是古代结绳记数方法之后出现的记数方法。当时主要用于剩余粮食数量的记数。“书契”指的就是文字。因为这些刻有文字的竹木简经常被用作订立契约关系的凭证，因此“契”和“书契”也有“契约”的意思。

（3）算盘记数

早期，人们用手指、算筹等作为计算工具进行简单的计算。随着计算需求和计算水平的发展，人们发明了算盘类计算工具。算盘将位置标记的概念引入计算，可以实现较为复杂的算术运算。古今中外算盘的类型有沙盘类、算板类、算盘、穿珠类等。珠算是以算盘为工具进行数字计算的一种方法，被誉为中国的第五大发明。

2. 进位制和位值制

人类最早认识的数目是1、2、3等一些简单的自然数。随着时间的推移，人们能掌握的自然数越来越多，于是就产生了如何书写这些数目的问题。虽然分布在世界上不同地区的不同民族都选择各自不同的符号来记数，但是最初几乎都是用一横杠或一竖杠（即“—”或“|”）表示1，用两横杠或两竖杠（即“=”或“‖”）表示2，也就是说，要表示几，就画几杠。可是，对于较大的数字，要表示它就要画很多杠，这样既费时间，又不容易数清。为了简化记数法，人们就需要创造一个新的符号来表示一个特定的数。很多地区都把这个特定的数选作10，因为一个人有10个手指头，而手指是人类最早也是最方便的记数工具，于是十进制就产生了。随后，人们给一百、一千、一万等特殊的数确定专门的符号。有了十进制，表示较大的数目变得非常方便。

虽然进位制简化了表示数目的方法，但是人们仍要不停地创造新的符号，才能表示越来越大的数目。怎样才能用有限的几个符号来表示任意大的数目呢？人类早期，不同地区的数字写法大不相同，但有一点是相同的，那就是都有“顺序”，即在写法上无非是从左到右，或从右到左，或从上到下。于是记数符号就有了位置的概念。每个记数符号本身表示大小不同的数目，而且同一个记数符号写在不同位置上，其数值大小也不相同，这就是位值制的来历。

有了十进制和位值制后，还必须创造十个互相独立的符号，它们在写法上是互相独立的，这样的记数系统才算完善。自从有了文字之后，人类文明的发源地几乎都有了进位制，但位值制只在很少的地方先后出现，而完善的记数系统的产生则是很晚的事情了。

3. 古中国算筹记数

根据史书的记载和考古材料的发现，古代的算筹实际上是用竹子、木头、兽骨等材料制成一些长短、粗细差不多的小棍子用来记数，不用时则把它们放在小袋子里面保存或携带。算筹制作规范、体积小、便于携带，更利于精确计算，作为一种记数方式，显然要比结绳记数和刻道记数成熟得多。事实也的确如此，一直到算盘发明推广之前，算筹都是我国古代最重要的计算工具。算筹记数法遵循十进位制，在世界数学史上是一个伟大的创造，跟世界上其他古老民族的记数法相比，具有显而易见的优越性。

在算筹记数法中，以纵横两种排列方式来表示单位数目，每一筹码代表1、10或100等，以此类推。其中，1～5均分别以纵横方式排列相应数目的算筹来表示，6～9则以上面的算筹再加下面相应的算筹来表示。表示多位数时，个位用纵式、十位用横式、百位用纵式、千位用横式，以此类推，遇零则置空。

4. 古中国商码记数

我国旧时表示数目的符号也叫草码、商码。此外，零还是0。

商码字符与数字的对应关系如下。

商码：	〡	〢	〣	〤	〥	〦	〧	〨	〩	十
汉字：	一	二	三	四	五	六	七	八	九	十
大写数字：	壹	贰	叁	肆	伍	陆	柒	捌	玖	拾
阿拉伯数字：	1	2	3	4	5	6	7	8	9	10

古代人记数都用算盘。例如，从算盘上档拨下一个子表示五，用〦表示六，用〧表示七是很好理解的。需要说明的是，当〡、〢、〣相遇时，中间会变成横画，否则三竖杠在一起时“〣”就不太好判断是一百一十一、三、廿一，还是十二了。例如，2134，要写成〢一〣〤；32，要写成〣＝。

5. 古埃及记数法

古埃及人记数没有零和位值的概念，从1到9都用画竖的方式来代表。1就是一竖，9就是九竖，从10开始就用物品来代替了。10是一段绳子，而一卷绳子表示100。荷花代表1000，一根手指代表10000，小鸟代表100000，而一个举着双手的人代表1000000。表达示例如图1.1所示。

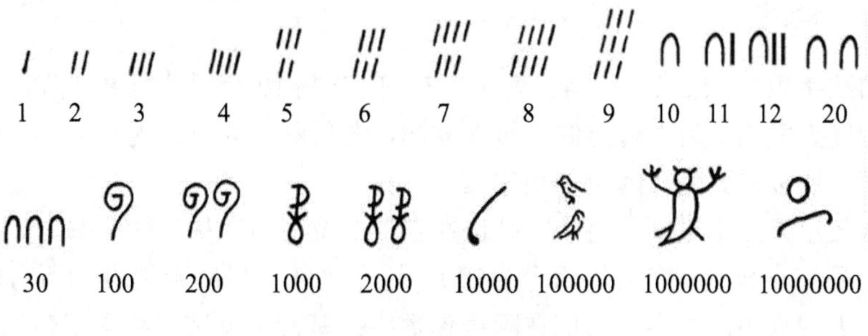

1　2　3　4　5　6　7　8　9　10　11　12　20

30　100　200　1000　2000　10000　100000　1000000　10000000

图1.1　古埃及记数法

6. 古巴比伦记数法

古巴比伦人在两千多年前采用的是六十进位值制，表示数字的符号只有两个。巴比伦数字的特点是混合地运用了十进制和六十进制，并且当时显然已经有了位值制的观念。在如图 1.2 所示的示例中，1 和 60、2 和 120 的表示符号是相同的，只是在实际表示数时它们的位置不同。同一数字符号根据它与其他数字符号位置关系而具有不同的量，在不同位置代表的位值是 60 的幂。

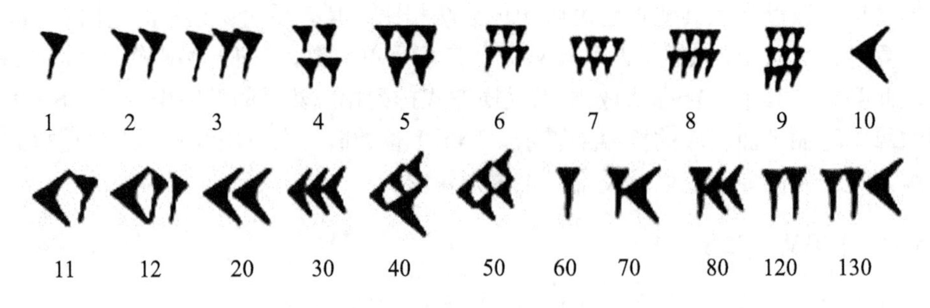

图 1.2 楔形文中的数字

7. 古罗马记数法

古罗马记数法是一种古老的记数法，指通行于古罗马的一种特殊的十进制记数法。罗马数字是欧洲在阿拉伯数字输入之前使用的一种数字，这种数字采用罗马字母，有 4 种基本符号，即Ⅰ(1)、Ⅹ(10)、C(100)、M(1000)，以及辅助符号，即Ⅴ(5)、L(50)、D(500)。当时，罗马人为了记录这些数字，便在羊皮上画出Ⅰ、Ⅱ、Ⅲ来代替手指的数；表示一只手时，就写成“Ⅴ”形，即大拇指与食指张开的形状；表示两只手时，就画成“ⅤⅤ”形，后来又写成一只手向上、一只手向下的“Ⅹ”形，这就是罗马数字的雏形。之后为了表示较大的数，罗马人用符号C表示 100，用符号M表示 1000，用符号L表示 50，用符号D表示 500。若在数的上面画一条横线，就表示这个数扩大 1000 倍。记数时，不用位值制而用加减制。相同数字并列时就相加；不同数字并列时，小数放在大数的右边，就作为加数；放在大数的左边（限于基本符号），就作为减数。例如，110 记作CⅩ，90 记作ⅩC。在数字上面画一横线或在数字的右下角写一个字母M，就表示这个数字增值 1000 倍。

8. 阿拉伯数字

阿拉伯数字由 0、1、2、3、4、5、6、7、8、9 共 10 个记数符号组成，阿拉伯数字最初由古印度人发明，后由阿拉伯人传入欧洲，之后欧洲人将其现代化，人们以为是阿拉伯人发明，所以称其为“阿拉伯数字”。

阿拉伯数字采取十进制位值法，高位在左，低位在右，从左往右书写。借助一些简单的数学符号（小数点、负号、百分号等），这个系统可以明确地表示所有的有理数。为了表示极大或极小的数字，人们在阿拉伯数字的基础上创造了科学记数法。

1.1.2　机械式计算技术

第一次工业革命使人类对计算能力有了更高的要求。公元 16—19 世纪，西欧在文艺复兴和工业革命技术的影响下，极大地促进了人们发明创造的思想意识，一代代科学家不断发明改进了一系列机械计算机作为辅助计算工具，服务于当时的经济社会发展和科学研究。机械计算机是由杠杆、齿轮等机械部件而非电子部件制作的一类辅助计算工具。

1. 帕斯卡加法器

1642 年，19 岁的法国数学家、物理学家布莱士•帕斯卡（Blaise Pascal，1623—1662 年）发明了第一台机械计算器——加法器，全名为滚轮式加法器（见图 1.3）。它带有 8 个轮子，分别代表当时的货币单位丹尼尔（Denier）、苏（Sols）以及个、十、百、千、万、十万等计算单位。在做加法计算时只需要顺时针拨动轮子，通过轮盘转动进行加法运算。帕斯卡加法器只能向一个方向转动做加法运算，在做减法运算时，帕斯卡运用类似补码运算的规则将减法运算通过补 9 码转换为加法运算。帕斯卡加法器在巴黎博览会引起轰动。它是加法式机械计算器的代表，加法器小巧便捷，主要用于简单商业计算。

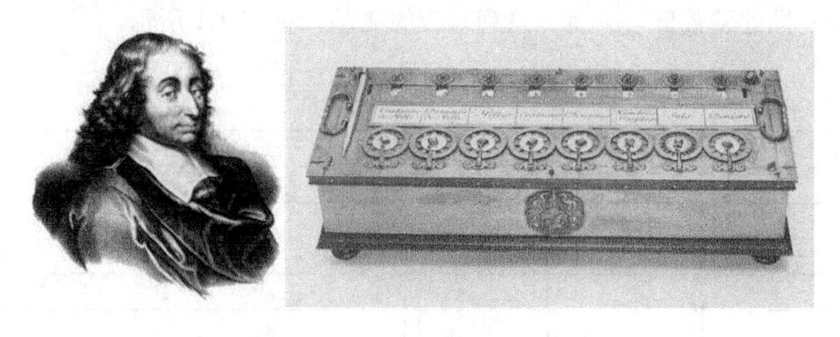

图 1.3　帕斯卡及其发明的加法器

2. 莱布尼茨乘法器

1671 年，德国数学家、哲学家戈特弗里德•威廉•莱布尼茨（Gottfried Wilhelm Leibniz，1646—1716 年）在帕斯卡加法器的基础上进行改进，发明了乘法器。这种机械计算器能进行加减、乘除、乘方乃至四则运算。后期，莱布尼茨用它来计算人口。

莱布尼茨发明的机器叫“乘法器”，约 1m 长，内部安装了一系列齿轮机构，除体积较大之外，基本原理继承于帕斯卡加法器。不过，莱布尼茨为计算器增添了一种名叫“步进轮”的装置。步进轮是一个有 9 个齿的长圆柱体，9 个齿依次分布于圆柱表面；旁边另有个小齿轮可以沿着轴向移动，以便逐次与步进轮啮合。每当小齿轮转动一圈，步进轮可根据它与小齿轮啮合的齿数，分别转动 1/10 圈、2/10 圈……9/10 圈，这样一来，它就能够连续重复地做加减法，在转动手柄的过程中，这种重复加减可以转变为乘除运算。莱布尼茨独创的阶梯鼓轮实现了乘法运算的自动化，成为日后主流机械计算机的核心部件。

3. 巴贝奇自动计算机器

（1）差分机

1822 年，英国数学家查尔斯·巴贝奇（Charles Babbage，1791—1871 年）设计并制造了第一台差分机。差分机是专门用来计算特定多项式、对数和三角函数值的机器，用于解决人工编制数表过程中的计算错误、抄写错误、校对错误、印制错误等人为错误，实现数表从计算到表格印制全过程的自动化。

差分法可以将多项式函数、对数函数或三角函数等高阶计算降阶，简化为加法，从而大大简化计算。有限差分方法经过数学家的近百年研究，在数学用表的制表过程中已经成熟使用，同时这也是一种很容易程序化的方法。

下面是巴贝奇经常使用的公式。

$T=x^2+x+41$

$T(n)=n^2+n+41$

$D1(n)=T(n)-T(n-1)=2n$

$D2(n)=D1(n)-D1(n-1)=2$

$T(n)=T(n-1)+D1(n)=T(n-1)+D1(n-1)+D2(n)=T(n-1)+D1(n-1)+2$

给 x 设不同的整数值，会有一系列对应的 T 值，如表 1.1 所示。

表 1.1　x 与 T 的对应关系

x	$T=x^2+x+41$	D1	D2
0	41		
1	43	2	
2	47	4	2
3	53	6	2
4	61	8	2
5	71	10	2

一阶差分（first differences）D1 是第三列，它的值通过第二列 T 的两个相邻值相减得到，D1 的值具有一些规律。二阶差分（second differences）D2 是第四列，它的值通过第三列 D1 的两个相邻值相减得到。令人惊讶的是，D2 的值是一个常量。

了解这个规律后，就可以很容易构造出函数 T 的表格。把二阶差分和上一行的一阶差分相加，就可以得到对应的一阶差分，如 2+2=4，2+4=6。得到一阶差分后，同样地，把一阶差分和上一行的 T 值相加，就可以得到该行的 T 值，如 41+2=43，43+4=47。

在该例中，T 是二次多项式，因此二阶差分是常量。如果 T 是三次多项式，如 $T=x^3$，那么二阶差分的值会有规律变化，但是通过相减二阶差分相邻值得到的三阶差分将是常量。推而广之，一个 n 次多项式的 n 阶差分会是一个常量，而这个多项式的值可以通过 n 次简单的加法得到。

通过逆向执行差分法的计算过程，即不是通过反复做减法求出差分，而是通过级联的加法生成一系列数，从而得到一列所需的计算结果。常量差分法是一个重复加法的过程，显然很适合用机器来实现。

因其以差分法作为核心原理，巴贝奇将自己设想的机器命名为差分机 1 号。差分机由蒸汽机推动，通过常量差分计算数表，并把结果记录到金属表盘上。通过直接从这些表盘打印表格，差分机 1 号避免了制表工人可能引起的各种错误。巴贝奇设想，一位操作员只需给差分机 1 号输入不同的差分值，机器就可以反复累加并打印出结果。由于每个加法项都要依赖于前一步计算的值，因此这个方法包含内在的检测机制：只要最后一个数字是正确的，那么表中所有之前的数据一定都是正确的。

差分机 1 号包括两个模块：一个执行计算的加法机构和一个印刷模块。组装出的差分机 1 号被搬到巴贝奇在伦敦的寓所，在他著名的周末沙龙上展示给来宾。这台机器的计算部分基本组装完成，但还没有打印部分，有 25000 个零件，重达 4 t。这只是全尺寸差分机的一部分，约有全尺寸机器的 1/7 大小（见图 1.4），能解决二阶差分的算式，产生 6 位数的结果。尽管只实现了设想的一小部分，但从现在陈列在伦敦科学博物馆的实物可以看出，这台由 6 个竖轴、几十个齿轮组成的样机依然是一部漂亮的机械作品，实现了当时技术条件下精密工程所能达到的极致。

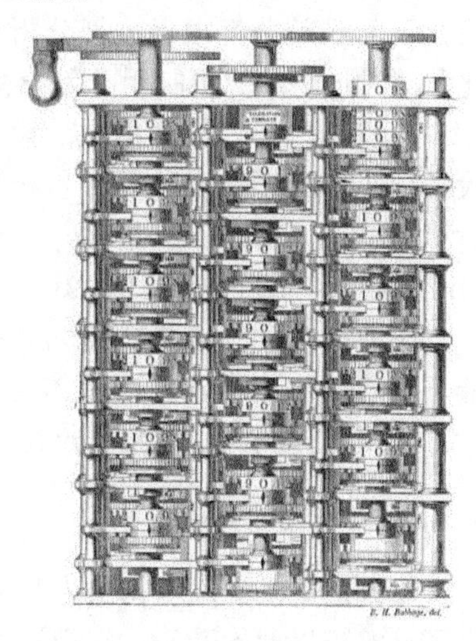

图 1.4　差分机 1 号的七分之一模型

1871 年，巴贝奇去世，在遗嘱中他把机器的设计图纸、车间和剩余的所有部件都留给了小儿子亨利·巴贝奇（Henry Babbage）。亨利继续父亲的工作，并不断向公众推广这些机器。他组装了 6 个差分机 1 号的小型演示模型，把其中之一送给哈佛大学。几十年后的 20 世纪 30 年代，这个模型引起了霍华德·艾肯（Howard Aiken）的注意，艾肯正是第一台万用型计算机——哈佛马克一号（Harvard Mark I）的发明人。

（2）分析机

在和克莱门特（Clement）争吵的那段日子里，巴贝奇有接近一年半的时间无法投入差分机的工作，正是在那段时间他萌生了建造分析机的想法。为什么不建造一台不仅能计算基于常量差分的算式，还能解决任何数学问题的机器呢？

分析机的基本设计完成于 1837 年 12 月，巴贝奇发表了一篇论文 *On the Mathematical Powers of the Calculating Engine*，详细讲述了这台机器。虽然之后许多年巴贝奇继续做着分析机的设计工作，但是主要原理并没有改动，只有细节和实现在不断精练和改进。实际上，1837 年巴贝奇设计的分析机基本组成结构不仅在他后来的工作中保持不变，甚至在以后计算机的设计开发中也未曾改变。分析机称得上是世界上第一台数字计算机，它体现了现代数字计算机几乎所有的功能。和现代数字计算机类比，分析机包含对应的 4 个部分。

1）输入：从 1836 年起，打孔卡成为给机器输入数据和指令的主要方式。

2）输出：一直以来，巴贝奇采用打印设备作为基本输出机制。他也考虑过利用打孔卡输出信息，以及采用图形化的输出设备。

3）内存：巴贝奇称内存为 Store，采用多个数轴存储数据。他也考虑过使用打孔卡存储中间结果的分级存储系统。

4）中央处理器：巴贝奇称中央处理器为 Mill。像现代处理器一样，Mill 会存储要立即处理的数字（类似寄存器），操作这些数字进行基本算术运算，控制机制把从外部输入的用户指令翻译为具体内部硬件操作，同步机制以精确时序执行操作。

1847 年，巴贝奇完成了分析机的设计工作后，又回到差分机项目，把分析机中使用的简化和改进过的运算机制用于差分机 2 号。1857 年，巴贝奇再次开始分析机的设计。在新的阶段，巴贝奇利用自己的资源积极建造了一台分析机。在他 1871 年去世时，一个简单的拥有 Mill 和打印机制的模型（见图 1.5）接近完成。

早期的电动计算机构造为开关和继电器而非真空管（热电子管）或晶体管（之后的电子计算机以此构造），它们被分类为机电计算机。

图 1.5　分析机模型（伦敦科学博物馆）

1.1.3　机电式计算技术

早期的电动计算机构造为开关和继电器而非真空管（热电子管）或晶体管（之后的电子计算机以此构造），它们被分类为机电计算机。

1. Z 系列计算机

Z1 计算机由德国发明家康拉德·朱斯（Konrad Zuse）于 1938 年开发完成，使用继电器作为逻辑元件。Z1 是世界上第一台使用布尔逻辑和二进制浮点数的自由编程计算机，几乎包含了现代计算机的所有部分，如控制单元、存储器、微序列、浮点逻辑（只有逻辑单元没有实现）和输入/输出设备。

由于纯机械式 Z1 计算机性能不理想，1939 年，朱斯的朋友给了他一些电话公司废弃的继电器，朱斯用它们组装了第二台电磁式计算机 Z2，之后这台机器便可以正常工作了。1941 年，第三台电磁式计算机 Z3 完成，使用了 2600 个继电器，用穿孔纸带输入，实现了二进制数程序控制。程序控制思想虽然过去也有人提倡，但朱斯是把它付诸实施的第一人。Z3 能达到每秒 3～4 次加法的运算速度，或者在 3～5 s 内完成一次乘法运算。1942 年，在紧张研究的间隙里，朱斯写出了世界上第一个用于下国际象棋的计算机程序。

1945 年，朱斯又制造了一台比 Z3 更先进的电磁式 Z4 计算机，存储器单元也从 64 位扩展到 1024 位，继电器几乎占满了一个房间。为了使机器的效率更高，朱斯甚至设计了一种编程语言 Plankalkuel，这一成果使朱斯跻身于计算机语言先驱者行列。1949 年，朱斯把 Z4 计算机安装到瑞士苏黎世技术学院，并且一直稳定地运行到 1958 年。

2. Mark 系列计算机

（1）马克一号

1944 年，机电式自动按序控制计算器马克一号（Automatic Sequence Controlled

Calculator Mark I，ASCC Mark I）由霍华德·艾肯基于机电计数器技术设计完成（由 IBM 承建）。这部机器有 51 in（1 in=2.54 cm）长，重 5 t，由 750000 个零部件合并而成。它有 72 个累加器，每个累加器都有自己的算术部件及 23 位数的寄存器。马克一号计算机有如下 4 个特征。

❖ 既能处理正数，也能处理负数。

❖ 能解各类超越函数，如三角函数、对数函数、贝塞尔函数、概率函数等。

❖ 全自动，即处理过程一旦开始，运算就完全自动进行，不需要人的参与。

❖ 在计算过程中，后续的计算取决于前一步计算所获得的结果。

（2）马克二号

马克一号之后有马克二号、马克三号以及马克四号，全都是艾肯的工作成果。马克二号是马克一号的效能增进版，但是由电磁继电器构成；马克三号部分采用电子元件；而马克四号则全部改用电子元件，也就是固态元件。马克三号与马克四号使用磁鼓内存，马克四号同时也使用磁芯内存。

1.1.4　电子计算技术

现代计算机是指利用电子技术代替机械或机电技术的计算机。现代计算机的模型要追溯到图灵机，图灵机将人们使用纸笔进行数学运算的过程进行抽象，由一个虚拟的机器替代人类进行计算。图灵机由英国科学家图灵于 1936 年提出，为了纪念图灵的贡献，美国计算机协会设立了图灵奖，该奖堪称“计算机界的诺贝尔奖”。

1946 年，电子数字积分计算机（electronic numerical integrator and computer，ENIAC）诞生于美国，以二进制为运算基础，采用存储程序方式，由运算器、控制器、存储器、输入装置和输出装置 5 个部分组成，这对后来计算机的发展起到了重要的示范作用。1956 年晶体管在计算机中使用，1964 年美国 IBM 公司研制成功第一台采用集成电路的通用电子计算机，1980 年超大规模集成电路在芯片上已经可以容纳几十万个元件，目前一块芯片上已经可以容纳超过几万亿个晶体管。

1. 电子计算机的基本组成原理

（1）硬件系统

1）基本体系结构。硬件系统通常是指构成计算机的设备实体。一台计算机的硬件系统应由 5 个基本部分组成：运算器、控制器、存储器、输入设备和输出设备。现代计算机还包括中央处理器和总线设备。这五大部分通过系统总线完成指令所传达的操作，计算机接收指令后，由控制器将数据从输入设备传送到存储器，同时控制器将需要参加运算的数据传送到运算器，由运算器进行处理，处理后的结果由输出设备输出（见图 1.6）。

① 中央处理器。CPU（central processing unit）意为中央处理单元，又称中央处理器。CPU 由控制器、运算器和寄存器组成，通常集中在一块芯片上，是计算机系统的核心设备。计算机以 CPU 为中心，输入设备和输出设备与存储器之间的数据传输和处理都通过 CPU 来控制执行。微型计算机的中央处理器又称为微处理器。

② 控制器。控制器是对输入的指令进行分析，并统一控制计算机的各个部件完成

一定的任务。它一般由指令寄存器、状态寄存器、指令译码器、时序电路和控制电路组成。计算机的工作方式是执行程序，程序就是为完成某一任务所编制的特定指令序列，各种指令操作按一定的时间关系有序安排，控制器产生各种最基本的不可再分的微操作的命令信号，即微命令，以指挥整个计算机有条不紊地工作。当计算机执行程序时，控制器首先从指令寄存器中取得指令的地址，并将下一条指令的地址存入指令寄存器中，然后从存储器中取出指令，由指令译码器对指令进行译码后产生控制信号，用以驱动相应的硬件完成指令操作。简言之，控制器就是协调指挥计算机各部件工作的元件，它的基本任务就是根据各类指令的需要综合有关的逻辑条件与时间条件产生相应的微命令。

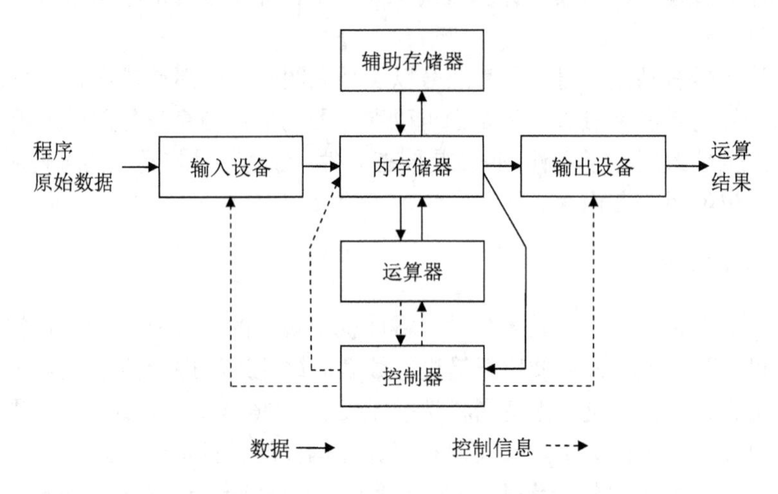

图 1.6　计算机基本体系结构

③ 运算器。运算器又称算术逻辑单元（arithmetic logic unit，ALU）。运算器的主要任务是执行各种算术运算和逻辑运算。算术运算是指各种数值运算，如加、减、乘、除等。逻辑运算是进行逻辑判断的非数值运算，如与、或、非、比较、移位等。计算机所完成的全部运算都是在运算器中进行的，根据指令规定的寻址方式，运算器从存储器或寄存器中取得操作数进行计算后，送回到指令所指定的寄存器中。运算器的核心部件是加法器和若干个寄存器。其中，加法器用于运算，寄存器用于存储参加运算的各种数据以及运算后的结果。

④ 存储器。存储器分为内存储器（简称内存或主存）、外存储器（简称外存或辅存）。外存储器一般也可作为输入/输出设备。计算机把要执行的程序和数据存入内存中，内存一般由半导体器件构成。半导体存储器可分为三大类：随机存储器、只读存储器和特殊存储器。随机存储器（random access memory，RAM）的特点是可以读写，存取任一单元所需的时间相同，通电时存储器内的内容可以保持，断电后存储的内容立即消失。RAM可分为动态（dynamic）和静态（static）两大类。动态随机存储器（DRAM）用 MOS 电路和电容来作存储元件。由于电容会放电，因此需要定时充电以维持存储内容的正确，如每隔 2 ms 刷新一次，因此称其为动态随机存储器。静态随机存储器（SRAM）用双极型电路或 MOS 电路的触发器来作存储元件，它没有电容放电造成的刷新问题。只要有电源正常供电，触发器就能稳定地存储数据。DRAM 的特点是集成密度高，主要用于大

容量存储器。SRAM 的特点是存取速度快，主要用于调整缓冲存储器。只读存储器（read only memory，ROM），只能读出原有的内容，不能由用户再写入新内容。原来存储的内容是由厂家一次性写入的，并永久保存下来。ROM 可分为可编程（programmable）ROM、可擦除可编程（erasable programmable）ROM、电擦除可编程（electrically erasable programmable）ROM。例如，EPROM 存储的内容可以通过紫外光照射来擦除，这使它的内容可以反复更改。特殊固态存储器包括电荷耦合存储器、磁泡存储器、电子束存储器等，它们多用于特殊领域内的信息存储。

此外，描述内、外存储容量的常用单位如下。

- 位/比特（bit）：这是内存中最小的单位，二进制数序列中的一个 0 或一个 1 就是一个比特。在计算机中，一个比特对应一个晶体管。
- 字节（byte，B）：是计算机中最常用、最基本的存储单位。1 字节等于 8 比特，即 1 B=8 bit。
- 千字节（kilo byte，KB）：计算机的内存容量都很大，一般以千字节作为单位，1 KB=1024 B。
- 兆字节（mega byte，MB）：20 世纪 90 年代流行微机的硬盘和内存等一般都是以兆字节为单位的，1 MB=1024 KB。
- 吉字节（giga byte，GB）：市场流行的微机的硬盘已经达到 430 GB、640 GB、810 GB、1TB 等规格，1 GB=1024 MB。
- 太字节（tera byte，TB）：1 TB=1024 GB。
- 拍字节（peta byte，PB）：1 PB=1024 TB。

⑤ 输入和输出设备。输入设备用来接收用户输入的原始数据和程序，并将它们变为计算机能识别的二进制存入内存中。常用的输入设备有键盘、鼠标、扫描仪、光笔等。输出设备用于将存入内存中的由计算机处理的结果转变为人们能接收的形式输出。常用的输出设备有显示器、打印机、绘图仪等。

⑥ 总线。总线是一组为系统部件之间传送数据的公用信号线，具有汇集与分配数据信号、选择发送信号的部件与接收信号的部件、总线控制权的建立与转移等功能。典型的微型计算机系统通常采用单总线结构。一般按信号类型将总线分为地址总线（address bus，AB）、数据总线（data bus，DB）和控制总线（control bus，CB）。

2）技术指标。

① CPU 类型。CPU 类型是指微机系统所采用的 CPU 芯片型号，它决定了微机系统的档次。

② 字长。字长是指 CPU 一次最多可同时传送和处理的二进制位数，字长直接影响计算机的功能、用途和应用范围。例如，Pentium 是 64 位字长的微处理器，即数据位数是 64 位，而它的寻址位数是 32 位。

③ 时钟频率和机器周期。时钟频率又称主频，它是指 CPU 内部晶振的频率，常用单位为兆赫（MHz），它反映了 CPU 的基本工作节拍。一个机器周期由若干个时钟周期组成，在机器语言中，使用执行一条指令所需要的机器周期数来说明指令执行的速度。一般使用 CPU 类型和时钟频率来说明计算机的档次，如 Pentium Ⅲ 500 等。

④ 运算速度。运算速度是指计算机每秒能执行的指令数。单位有MIPS（百万条指令每秒）、MFLOPS（百万次浮点运算每秒）。

⑤ 存取速度。存取速度是指存储器完成一次读取或写存操作所需的时间，称为存储器的存取时间或访问时间。连续两次读或写所需要的最短时间，称为存储周期。对于半导体存储器来说，存取周期大约为几十到几百毫秒。它的快慢会影响计算机的速度。

⑥ 内存储器、外存储器的容量。内存容量即内存储器能够存储信息的字节数。外存储器是可将程序和数据永久保存的存储介质，可以说其容量是无限的。例如，硬盘、U盘是微机系统中不可缺少的外部设备。迄今为止，所有的计算机系统都基于冯·诺依曼存储程序的原理。内存、外存容量越大，所能运行的软件功能就越丰富。外存储器的低速度与CPU的高速运转不匹配是微机系统工作的主要瓶颈，不过由于硬盘的存取速度不断提高，这种现象已有所改善。

3）二进制的表示及运算。计算机内采用二进制表示和存储信息，即由两个数字符号“0”和“1”组成不同的编码来表示一个数、一个字符或一条指令。

（2）软件系统

1）指令及指令系统。计算机是从事信息处理工作的机器，处理工作按人们事先安排好的步骤自动进行。每个基本步骤称为一个操作，每个操作用来执行不同类别的指令。指令是指示计算机执行某种基本操作的命令。它由一串二进制数码组成，这组字符规定对哪些数据进行什么样的运算。一条指令通常由“操作码+地址码”组成。操作码指明该指令要完成的操作的类型或性质，如取数、做加法或输出数据等，地址码指明操作对象的内容或所在的存储单元地址。计算机指令类型包括数据处理指令（加、减、乘、除等）、数据传送指令、程序控制指令和状态管理指令。一类计算机所具有的全部指令集合称作这类计算机的指令系统。一台计算机的指令系统在很大程度上决定了计算机的工作能力。指令系统越完善，机器的功能就越强。

2）程序与编程语言。一系列指令所组成的序列称为程序。一个指令规定计算机执行一个基本操作，一个程序规定计算机完成一个完整的任务。一台计算机中配置的所有程序集合，总称计算机的软件系统。语言是交流信息的工具，所以机器语言是用二进制代码编成的。最早运用的是符号语言，又称汇编语言。从20世纪50年代开始，一系列便于使用的高级程序设计语言逐步发展起来。目前世界广为流行和使用的程序语言有C、Java、Python、C++、C#、Visual Basic、JavaScript、PHP、R、SQL等。

（3）计算机工作原理

计算机的基本工作原理主要分为存储程序和程序控制。计算机预先把控制操作的指令序列（称为程序）和原始数据通过输入设备输送到内存中。每一条指令明确规定了计算机从哪个地址取数、进行什么操作、将结果送到什么地址等步骤。

计算机在运行时，先从内存中取出第一条指令，通过控制器的译码，按指令的要求，从存储器中取出数据进行指定的运算和逻辑操作等，然后再按地址把结果传送到内存中。接下来，取出第二条指令，在控制器的指挥下完成规定操作。依次进行下去，直至遇到停止指令。程序与数据一样，计算机按程序编排的顺序一步一步地取出指令，自动完成指令规定的操作，这就是计算机最基本的工作原理。这一原理最初是由美籍匈牙利数学家冯·诺依曼于 1945 年提出来的，故称为冯·诺依曼原理。冯·诺依曼体系结构计算机的工作原理可以概括为 8 个字：存储程序、程序控制。

1）存储程序——将解题的步骤编成程序（通常由若干指令组成），并把程序存放在计算机的存储器（指主存或内存）中。

2）程序控制——从计算机内存中读出指令并送到计算机的控制器，控制器根据当前指令的功能，控制全机执行指令规定的操作，完成指令的功能。重复这一操作，直到程序中指令执行完毕。

冯·诺依曼体系结构计算机的特点如下。

① 使用单一的处理部件来完成计算、存储以及通信的工作。

② 存储单元是定长的线性组织。

③ 存储空间的单元是直接寻址的。

④ 使用低级机器语言，指令通过操作码来完成简单的操作。

⑤ 对计算进行集中的顺序控制。

⑥ 计算机硬件系统由运算器、存储器、控制器、输入设备、输出设备五大部件组成，并规定了它们的基本功能。

⑦ 采用二进制形式表示数据和指令。

⑧ 在执行程序和处理数据时必须将程序和数据从外存储器装入主存储器中，然后才能使计算机在工作时自动调用从存储器中取出的指令并加以执行。

（4）电子计算机的特点

作为一种计算工具，电子计算机和一般计算工具相比，具有以下特点。

1）运算速度快。较快的能够达到每秒几亿亿次运算，较慢的每秒也能进行 10 万次运算。

2）计算精度高。现代计算机的计算值可达 64 位。

3）具有“记忆”和逻辑判断能力。可以记录程序、原始数据和中间结果，还能进行逻辑推理和定理证明。

4）能自动进行控制，不必人工干预。电子计算机的应用已迅速渗透到人类社会的各个方面。从宇宙飞船、导弹控制、原子能研究及人造卫星到工业生产、企业管理等都不同程度地应用了计算机。

（5）电子计算机的发展、应用及前景

1）电子计算机的发展历程。电子计算机的发展分为四代。第一代为电子管时代（1946—1956 年），这一时期计算机所采用的电子元件基本上都是电子管。第二代为晶体管时代（1956—1962 年），这一代计算机的逻辑元件和逻辑线路均采用分立的晶体管元件。第三代为集成电路时代（1962—1970 年），这一时期不仅计算机得到更加广泛的应用，而且出现了新的发展方向，即计算机小型化。第四代为大规模集成电路时代（1970 年至今）。这一时期，建立在大规模集成电路基础上的微型机和巨型机得到飞速发展。目前一些国家正向第五代计算机发展，其方向集中于人工智能机、巨型机两个方面。

2）电子计算机的应用领域。首先是数据处理，又称信息加工，这是现代电子计算机中最广泛的应用领域，占整个计算机应用比率的 70%～80%。其次是数值计算。电子计算机可完成大量复杂的计算。再次是实时控程，实际上是生产过程或科学实验过程的自动化。20 世纪 80 年代计算机应用的另一个重要方面是计算机进入家庭，改变了人们的生活方式。计算机家庭服务可分为信息、能源控制、系统管理、安全保卫等，进一步活跃了家庭生活。总之，电子计算机的应用范围，从尖端领域到日常生活，已渗透到社会的方方面面。

3）电子计算机的发展方向。

① 向小的方向发展，从一般计算机发展为小型计算机，以至微型计算机。微型计算机的特点主要是体积小、价格便宜、灵活性高。

② 向大的方向发展，由一级大型计算机发展为巨型计算机。巨型机每秒运算亿亿次以上，加快其发展，能促进科技领域的变革性进步。

③ 组成计算机网络。组成计算机网络可以使计算机的使用方式发生很大改变。目前，国际上涌现各种计算机网络，联机检索不受国家、距离和地理位置限制，专业范围十分广泛。

④ 研制智能计算机。用计算机模拟人的智能是自动化发展的最高阶段。智能模拟包括模式识别、数学定理的证明、自然语言的理解和智能机器人等。尤其是数学定理的证明已在人工智能的发展中产生重要影响，人工智能计算机的发展对于进一步解放人类智力、促进社会进步具有重要意义。

2. 现代计算机的演进

（1）现代计算机科学先驱

1）英国科学家阿兰·图灵（Alan Turing）——计算机科学理论的创始人。图灵在第一次世界大战期间参与了其服务的密码破译机构的研制计算机的工作，该机构于 1943 年成功研制了 CO-LOSSUS（巨人）机，这台机器的设计采用了图灵提出的某些概念。它用了 1500 个电子管，采用了光电管阅读器；利用穿孔纸带输入；并采用了电子管双稳态线路，执行计数、二进制算术及布尔代数逻辑运算。巨人机共生产了 10 台，它们出色地完成了密码破译工作。

图灵在计算机领域的主要贡献包括提出“可计算”理论；建立“图灵机”抽象计算模型；提出“图灵测试”，奠定了人工智能的基础。

2）美籍匈牙利科学家冯·诺依曼（John von Neumann）——计算机工程技术的先驱人物。冯·诺依曼以技术顾问的身份加入了 ENIAC 和 EDVAC 的研制，在此过程中他对计算机的许多关键性问题的解决做出了重要贡献，从而保证了 EDVAC 的顺利问世。其主要贡献包括：现代计算机的五大结构、“存储程序”设计思想、博弈论、蒙特卡洛算法、自动细胞机理论。

IEEE 董事会于 1990 年设立冯·诺依曼奖，以表彰在计算机科学和技术上具有杰出成就的科学家。

（2）阿塔纳索夫-贝瑞计算机（Atanasoff-Berry computer，ABC）

美国教授阿塔纳索夫和他的研究生克利福特·贝瑞于 1939 年 10 月研制成功的 ABC 是第一台电子数字计算机。1990 年，阿塔纳索夫获得美国国家科学奖。

ABC 结构特点如下。

❖ 采用二进制电路进行运算。

❖ 存储系统采用电容器，具有数据记忆功能。

❖ 输入系统采用 IBM 公司的穿孔卡片。

❖ 输出系统采用高压电弧烧孔卡片。

阿塔纳索夫计算机设计的 3 个基本原则如下。

❖ 以二进制方式实现数字运算和逻辑运算，以保证运算精度。

❖ 利用电子技术实现控制和运算，以保证运算速度。

❖ 采用计算功能与存储功能分离的结构，以简化计算机设计。

（3）ENIAC

1946 年，约翰·莫奇利（John Mauchly）和普雷斯伯·埃克特（P. Eckert）研制成功 ENIAC（见图 1.7）。ENIAC 是世界上第一台通用电子计算机，能够重新编程，解决各种计算问题。

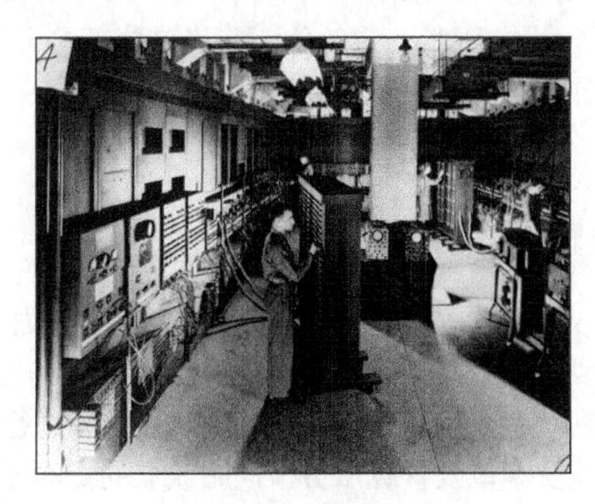

图 1.7 ENIAC

ENIAC 采用全电子管电路，没有采用二进制，采用 18000 多个电子管、10000 多个电容、7000 个电阻、1500 多个继电器，耗电量 150 kW·h，重量达 30 t，占地面积 170 m^2。ENIAC 在当时计算性能卓越，能够在 1 s 内完成 5000 次加法运算，在 0.003 s 内完成两个 10 位数乘法；计算一条炮弹弹道只需要 20 s。

（4）冯·诺依曼与 EDVAC

ENIAC 和 EDVAC（electronic discrete variable automatic computer，离散变量自动电子计算机）的建造者均为约翰·莫奇利和普雷斯伯·埃克特。

1944 年 8 月，EDVAC 的建造计划被提出，在 ENIAC 运行之前，其设计工作就已经开始。和 ENIAC 一样，EDVAC 也是为美国陆军阿伯丁试验场的弹道研究实验室研制的。

1945 年 6 月，冯·诺依曼和他的研制小组在共同讨论的基础上，以“关于 EDVAC 的报告草案”为题，起草了长达 101 页的总结报告，总结和详细说明了 EDVAC 的逻辑设计方案。EDVAC 设计方案明确了新机器由 5 个部分组成，包括运算器、逻辑控制装置、存储器、输入设备和输出设备，并描述了这 5 个部分的职能和相互关系。冯·诺依曼对 EDVAC 的设计思想为计算机的设计树立了一座里程碑，它提出了二进制表示、计算机五大结构、存储程序的设计思想，被后人称为“现代计算机之父”。

1.1.5 并行与分布式计算

并行计算或称平行计算，是相对于串行计算来说的。它是一种一次可执行多个指令的算法，目的是提高计算速度，并通过扩大问题求解规模，解决大型且复杂的计算问题。并行计算可分为时间上的并行和空间上的并行。时间上的并行是指流水线技术，空间上的并行则是指用多个处理器并发的计算。

并行计算科学主要研究空间上的并行问题。从程序和算法设计人员的角度来看，并行计算又可分为数据并行和任务并行。一般来说，数据并行主要是将一个大任务化解成相同的各个子任务，因此比任务并行要容易处理。

分布式计算是一种和集中式计算相对的计算方法。随着计算技术的发展，有些应用需要巨大的计算能力才能完成，如果采用集中式计算，则需要耗费相当长的时间。分布式计算可以将这些应用分解成许多小的部分，并将这些部分分配给多台计算机进行处理。这样可以节约整体计算时间，大大提高计算效率。

1.1.6 云计算

1. 云计算的定义

云计算（cloud computing）是基于互联网的相关服务的增加、使用和交付模式，通常涉及通过互联网来提供动态易扩展且经常是虚拟化的资源。云计算以互联网为中心，将很多计算机资源协调在一起，对互联网及其底层基础设施进行抽象，为互联网用户提供庞大的计算资源与数据资源以及计算服务，同时获取的资源不受时间和空间的限制。云计算可以让用户体验每秒 10 万亿次的运算能力，可以模拟核爆炸、预测气候变化和市场发展趋势等。用户可以通过计算机、手机等方式接入数据中心，按自己的需求进行运算。云计算的定义有多种，现阶段被广为接受的是美国国家标准与技术研究院（National Institute of Standards and Technology，NIST）所给的定义：云计算是一种按使用量付费的模式，这种模式提供可用的、便捷的、按需的网络访问，进入可配置的计算资源共享池（资源包括网络、服务器、存储、应用软件、服务），这些资源能够被快速提供，只需投入很少的管理工作，或与服务供应商进行很少的交互。当前云计算技术已演进为分布式计算、效用计算、负载均衡、并行计算、网络存储、热备份冗杂和虚拟化等混合计算技术。

2. 云计算的特点

1）大规模、分布式。“云”一般具有相当的规模，一些知名的云供应商能拥有上百万级的服务器规模。依靠这些分布式的服务器所构建的“云”能够为使用者提供前所未有的计算能力。

2）虚拟化。云计算都会采用虚拟化技术，用户并不需要关注具体的硬件实体，只需要选择一家云服务提供商，注册一个账号，登录到它们的云控制台购买和配置自己所需要的服务（如云服务器、云存储等），再为这个提供服务的应用做一些简单的配置，就可以让它对外服务了，这比传统的在企业的数据中心去部署一套应用要简单方便得多。而且用户可以随时随地通过个人计算机或移动设备来控制自己的资源，这就好像是云服务商为每一个用户都提供了一个互联网数据中心（internet data center，IDC）一样。

3）高可用性和扩展性。那些知名的云计算供应商一般都会采用数据多副本容错、计算节点同构可互换等措施来保障服务的高可靠性。基于云服务的应用可以持续对外提供服务（7×24h），另外“云”的规模可以动态伸缩，以满足应用和用户规模增长的需要。

4）按需服务，更加经济。用户可以根据自己的需要来购买服务，甚至可以按使用量来进行精确计费。这能大大节省成本，而资源的整体利用率也会得到明显的改善。

5）网络安全。安全已经成为所有企业或个人创业者必须面对的问题，企业的 IT 团队或个人很难应对来自网络的恶意攻击，而使用云服务则可以借助更专业的安全团队来有效降低安全风险。

3. 云计算的类型

1）云计算按服务类型可以分为基础设施即服务（infrastructure as a service，IaaS）、平台即服务（platform as a service，PaaS）和软件即服务（software as a service，SaaS）。

2）按部署形式可以分为公有云、私有云和混合云。

4. 云计算的优势

1）更安全。①避免病毒入侵导致的服务器瘫痪及数据丢失。②避免遭受 DDoS 攻击，服务器被迫关闭。③避免因访问量爆发性上升，主机流量超标，服务器无法访问。④避免因周边自然环境威胁，使服务器存在受损风险。⑤避免因停电停网影响软件正常使用。⑥避免硬件服务器损坏，导致数据丢失。

2）更省钱。①省去本地服务器消耗的电费。②省去硬件服务器采购费用。③省去宽带费、托管费、域名解析（IP 精灵）等费用。④省去专人维护的人工费。

3）更省事。①省去本地服务器安装、部署的一系列工作。②避免专业的服务器运维工作。③避免软件版本号升级、数据迁移、跨版本升级等问题。④避免因服务器技术员对软件不了解，而导致软件问题无法得到解决的困扰。⑤避免因交通、时间、效率等导致软件售后服务体验差，费时费力不及时的问题。⑥避免因解决不了客户问题给客户带来的负面情绪。

1.1.7 未来的计算

未来计算（future computing）在一般意义上是指超越当前常规计算的一场计算的变革或飞跃。随着摩尔定律终点的临近和机器学习对计算需求的提升，人们对开发下一代计算机芯片的关切日益加深，对未来计算充满期待。其动因大致有以下几方面。

1）当前基于现有 CMOS 集成技术的常规计算正面临发展的瓶颈，加工技术在由微米到亚微米再到纳米的不断进阶中，诸如光刻设备等关键设施在器件特征尺寸的进一步缩小上遇到了困难，致使摩尔定律的延续面临考验。另外，CMOS计算的生成热、能效等内在问题也给高性能计算的进一步发展带来困扰。延续了数十年的冯·诺依曼计算机传统结构遇到极大挑战。为摆脱当前发展困境，业界一方面积极利用纳米技术的新进展来探索新材料、新器件、新结构，如碳纳管、石墨烯材料等；另一方面，利用多学科研究成果积极探寻新机制，以推动后CMOS时代计算的新发展，诸如自旋电子、超导量子计算等新技术和架构等。

2）以机器学习算法为代表的人工智能的进步，带来了计算模式上的新改变，使得一大批新算法生成并运用，突破了传统的代码编程运算模式。

3）新形态计算的出现。随着人类对大脑计算认知与深入研究的进展，受大脑神经元启发的神经形态计算不断取得进步，这类计算在原理、逻辑结构和算法上都与常规计算有着根本性的不同，正在改变着传统的计算思维。例如，IBM的随机相变神经元芯片便是一种神经形态芯片。

当前已有不少科学家在未来计算的道路上展开了积极的探索，并取得了初步的科研进展。下面介绍几种“非主流”的计算机原型。

1. 光电计算机

2016年10月20日，*Science* 杂志报道了斯坦福大学科研团队研发的一种基于光-电信号处理的新型计算机原型——伊辛（Ising）机（以描述磁场机制的数学模型——Ising模型命名），该计算机可以有效处理多变量-最优解问题。

2. 模拟计算机

模拟计算机是根据相似原理，用一种连续变化的模拟量作为被运算的对象的计算机。模拟计算机以电子线路构成基本运算部件，由运算部件、控制部件、排题板、输入设备和输出设备等组成。模拟计算机把功能固定化的运算器适当组合起来，程序比较简单，但解题灵活性比较差；以并行计算为基础，计算速度快。模拟计算机的优势有两点：一是实时，二是连续。模拟计算机在计算机视觉、物理建模（微分、积分运算）、机器控制等方面表现十分突出；在解决某些特定的问题时比数字计算机要更简单有效，在非主流计算中不可忽视。

3. DNA计算机

DNA计算机是一种生物形式的计算机。它是利用DNA（脱氧核糖核酸）建立的一种完整的信息技术形式，以编码的DNA序列为运算对象，通过分子生物学的运算操作来解决复杂的数学难题。由于起初的DNA计算要将DNA溶于试管中实现，这种计算机由一堆装着有机液体的试管组成，因此有人称为“试管电脑”。DNA计算机“输入”的是细胞质中的RNA、蛋白质以及其他化学物质，“输出”的则是很容易辨别的分子信号。在生物医学应用上，DNA计算机能够探测和监控基因突变等细胞内一切活动的特征信息，确定癌细胞等病变细胞以及自动激发微小剂量的治疗。

4. 量子计算

量子计算是一种遵循量子力学规律调控量子信息单元进行计算的新型计算模式。量子力学态叠加原理使得量子信息单元的状态可以处于多种可能性的叠加状态。普通计算机中的 2 位寄存器在某一时间仅能存储 4 个二进制数（00、01、10、11）中的一个，而量子计算机中的 2 位量子位（qubit）寄存器可同时存储这 4 种状态的叠加状态。随着量子比特数目的增加，对于 n 个量子比特而言，量子信息可以处于 2^n 种可能状态的叠加，配合量子力学演化的并行性，可以展现比传统计算机更快的处理速度，所以，量子信息处理从效率上相比于经典信息处理具有更大潜力。

随着人工智能、大数据应用等的深入发展，未来计算将展露出新的前景。模拟计算机、DNA 计算机、量子计算等一系列下一代计算机技术，都在向读者展示着未来的宏伟蓝图。

1.2　科学研究的三大方法——理论、实验和计算

科学是一个建立在可检验的解释和对客观事物的形式、组织等进行预测的有序的知识系统，是已系统化和公式化了的知识。其对象是客观现象，内容是形式化的科学理论，形式是语言，包括自然语言与数学语言。

根据科学系统知识所反映的对象领域，现代科学通常有 3 个主要分支：研究客观自然的自然科学（如生物学、化学和物理学等）、研究个人和社会的社会科学（如经济学、心理学和社会学），以及研究抽象概念的形式科学（如逻辑、数学、计算机科学）。

自然科学基于对观测和实验的经验证据，对自然现象进行描述、预测和理解。它可以分为两个主要分支：生命科学（或生物科学）和物理科学。

社会科学包括但不限于人类学、考古学、传播学、经济学、历史、人文地理学、法理学、语言学、政治学、心理学、公共卫生和社会学。

形式科学涉及形式系统的研究，包括数学、系统理论和理论计算机科学。依靠对知识领域的客观、认真和系统的研究，形式科学与其他两个分支具有相似之处。但是，它们与经验科学不同，因为它们完全依靠演绎推理，而无须通过经验证据来验证其抽象概念。因此，形式科学是先验的学科，对于它们是否真正构成一门科学存在分歧。然而，形式科学在经验科学中起着重要作用。例如，微积分最初是为了理解物理学中的运动而发明的。严重依赖数学应用的自然科学和社会科学包括数学物理学、数学化学、数学生物学、数学金融和数学经济学。

科学研究还可分为基础研究和应用研究。基础研究是对知识的搜索，而应用研究是对使用知识解决实际问题的方案的搜索。尽管一些科学研究是针对特定问题的应用研究，但读者的很多理解来自其好奇心驱动的基础研究。表 1.2 总结了科学分支之间的关系。

表 1.2 科学分支之间的关系

研究类别	形式科学	自然科学	社会科学
基础研究	逻辑、数学、统计、信息科学	物理、化学、生物学、地球科学、太空科学	经济学、政治学、社会学
应用研究	计算机科学	工程学、农业科学、医学	管理学、法理学、教育学

科学、技术与工程是现代科学技术中的 3 个不同领域或不同层次。科学是对客观世界本质规律的探索与认识。其发展的主要形态是发现（discovery），主要手段是研究（research），主要成果是学术论文与专著。技术是科学与工程之间的桥梁。其发展的主要形态是发明（innovation），主要手段是研发（research & development），主要成果是专利，也包括论文和专著。工程则是科学与技术的应用和归宿，是以创新思想（new idea）对现实世界发展的新问题进行求解（solution）。其主要的发展形态是综合集成（integration），主要手段是设计（design）、制造（manufacture）、应用（application）与服务（service），主要成果是产品、作品、工程实现与产业。科学家的工作是发现，工程师的工作是创造。在国家科技人才的需求中，国家既需要优秀的科学家，也需要发明家、工程师和各类工程型实用人才，更需要大量高素质的能够创造性解决国民经济与社会发展实际问题的卓越人才。

1.2.1 理论科学

理论科学是经验科学的对称，指偏重理论总结和理性概括，强调普遍的理论认识而非直接实用意义的科学。在研究方法上，以演绎法为主，不局限于描述经验事实。

科学学意义上的理论严格指科学理论，是人类通过概念—判断—推理等思维类型，论题—论据—论证的逻辑推导过程来认识、把握世界的逻辑体系，包括知性认识阶段的理论和理性认识阶段的理论。知性认识阶段的理论（如形式逻辑、数学）反映世界的本质，理性认识阶段的理论（如对称哲学、对称逻辑学、对称经济学）反映事物的本质。

1.2.2 实验科学

实验科学亦称“经验科学”，指 18 世纪以前的经典自然科学或以实验方法为基础的科学，与理论自然科学相对。实验科学于 12 世纪在西欧的一些大学兴起，最早的倡导者是英国的罗吉尔·培根（Roger Bacon）。对实验科学产生巨大影响的是 17 世纪英国的弗朗西斯·培根（Francis Bacon），他指出科学必须是实验的、归纳的，一切真理都必须以大量确凿的事实材料为依据，并提出一套实验科学的“三表法”，即寻找因果联系的科学归纳法，要求科学地对观察实验材料进行归纳。

1.2.3 计算科学

计算科学是指利用计算机再现、预测和发现客观世界运动规律和演化特性的全过程，包括建立物理模型、研究计算方法、设计并行算法、研制应用程序、开展模拟计算和分析计算结果等过程。利用计算机求出的解不是一个表达式或一组表达式（解析解形式），而是一个数据集（或海量数据集）。有了这个数据集，就可以对其进行分析和评估，判断结果的正确性，发现新的现象，总结新的规律，认识新的机制，再现和预测研究对象的运动规律和演化特性，进而进行真实实验或产品的理论设计，产生新的知识、新的成果、新的生产力。在计算科学的流程中，应用程序研制之前的工作主要依靠研究人员——是“人脑”的事情。应用程序之后的工作不仅依靠研究人员，还需要有计算机硬件作为基础与前提——是“人脑”加“电脑”的事情。高性能的计算机系统和数据分析处理系统是做好计算科学的必要条件，是计算科学的重要组成部分。

1.3 计 算 学 科

计算学科是在数学和电子科学基础上发展起来的一门新兴学科，它既是一门理论性很强的学科，又是一门实践性很强的学科。几十年来计算学科自身发展的实践表明，一方面，围绕着一些重大的背景问题，在各个分支学科和研究方向上均取得了一系列重要的理论和技术成果，推动了计算学科向深度和广度发展；另一方面，由于发展形成了一大批成熟的技术并成功地应用于各行各业，更多的人将计算学科看成是一种高新技术。

1988年，美国计算机协会（Association for Computing Machinery，ACM）和国际电气电子工程师学会计算机分会（Computer Society of Institute for Electrical and Electronic Engineers，IEEE-CS）联合完成了一份重要报告，即 *Computing as a Discipline*（《计算作为一门学科》）。该报告把计算机科学和计算机工程统一称为计算学科，认为两者没有基础性的差别，并且第一次给出了计算学科的定义，提出了计算学科的详细内容、研究方法和一系列教学计划等。

此后，ACM和IEEE-CS联合工作组做了大量的工作，将计算学科分为计算机科学、软件工程、计算机工程、信息技术和信息系统等5个分支学科或专业，先后提交了IS2002、SE2004、CE2004、CC2005、IT2008、CS2008、IS2010和CS2013等报告。

1）计算机科学（computer science，CS）：计算机科学研究的范围很广，从计算理论、算法基础到机器人开发、计算机视觉、智能系统以及生物信息学等，其主要工作包括寻找求解问题的有效方法、构建应用计算机的新方法以及设计与实现软件。计算机科学是计算学科各个分支的基础，计算机科学专业培养的学生，更关注计算理论和算法基础，并能从事软件开发及其相关的理论研究。

2）软件工程（software engineering，SE）：软件工程是一门利用系统的、规范的、可度量的方法来开发、运行和维护软件的学科，其主要目标是开发系统模型以及在有限预算内生产高质量的软件。软件工程专业培养的学生，更关注以工程规范进行的大规模软件系统开发与维护的原则，尽可能避免软件系统潜在的风险。

3）计算机工程（computer engineering，CE）：计算机工程是对现代计算系统和由计算机控制的有关设备的软件与硬件的设计、构造、实施和维护进行研究的学科。其主要领域包括计算机系统、电路和信号、人机交互、算法与复杂性以及网络等。计算机工程专业培养的学生，更关注设计并实施集软件和硬件设备为一体的系统，如嵌入式系统等。

4）信息技术（information technology，IT）：信息技术是一门针对社会和各企事业单位的信息化需求，提供与实施技术解决方案的学科。其主要工作涉及对计算机软件和硬件、计算机网络等相关技术与产品的选择、评价、集成、应用和管理。信息技术专业培养的学生，更关注基于计算机的新产品及其正常运行和维护，并能使用相关的信息技术来计划、实施和配置计算机系统。

5）信息系统（information systems，IS）：信息系统是指如何将信息技术的方法与企业生产和商业流通结合起来，以满足这些行业需求的学科。其主要领域包括电子数据处理系统、管理信息系统、决策支持系统、办公自动化系统、电子商务与电子政务、商务智能和企业资源规划等。信息系统培养的学生，更关注信息资源的获取、部署、管理和使用，能够分析信息需求和相关商业过程，能详细描述并设计出与目标相一致的系统。

由于计算机硬件与应用涉及自动化、电子科学等学科，计算机软件与应用涉及数学、信息处理、计算科学理论等学科，因此计算学科可划分为如表1.3所示的学科层次和学科范围。

表1.3　学科层次和学科范围

学科层次	学科范围
计算学科 应用层	人工智能应用与系统：人工智能、机器人、自然语言处理 信息管理与决策系统：数据库设计、管理信息系统、决策系统 计算可视化：计算机图形学、计算可视化与虚拟现实、图像处理
计算学科 专业基础层	软件开发方法学：软件工程技术、软件开发工具和环境 网络与通信：网络技术、数据通信、信息保密与安全 程序设计科学：数据结构、算法设计与分析、程序设计方法学 计算机系统基础：数字逻辑、计算机组成原理、操作系统
计算学科 基础层	计算的数学基础：可计算性、形式语言与自动机、Petri网理论 高等逻辑：模型论、各种非经典逻辑与公理集合论、数据科学理论、机器学习
数学物理 基础层	离散数学、计算方法、函数论基础、概率与数理统计、泛函数、集合论与图论、组合数学、抽象代数、数理逻辑、数论 大学物理、电路基础、数字与模拟电路、光电子技术基础

1.4 计算思维

人类在认识世界、改造世界的过程中表现出了3种基本的思维特征：以推理和演绎为特征的逻辑推理思维［以数学学科为代表的理论思维（theoretical thinking）］、以观察和总结自然规律为特征的实证思维［以物理学科为代表的实验思维（experimental thinking）］、以设计和构造为特征的计算思维［以计算机学科为代表的计算思维（computational thinking）］。

随着计算机技术的出现及广泛应用，更进一步强化了计算思维的意义和作用。逻辑思维、实证思维和计算思维各具特点，所有的科学思维都是这3种思维的混合，其中的比例会有所不同，但不存在纯粹的实证思维、逻辑思维和计算思维，科学思维的含义和重要性在于它反映的是事物的本质和规律。

1.4.1　计算思维的定义

2006 年 3 月，美国卡内基梅隆大学（Carnegie Mellon University，CMU）计算机科学系主任周以真（Jeannette M. Wing）教授在美国计算机权威期刊 *Communications of the ACM* 上给出并定义了计算思维。周以真教授认为：计算思维是运用计算机科学的基础概念进行问题求解、系统设计以及人类行为理解等涵盖计算机科学之广度的一系列思维活动。

周教授为了让人们更易于理解，又将它进一步定义为：

- ❖ 通过约简、嵌入、转化和仿真等方法，把一个看起来困难的问题重新阐释成一个知道问题怎样解决的方法。
- ❖ 是一种递归的、并行处理的、把代码译成数据又能把数据译成代码的、多维分析推广的类型检查方法。
- ❖ 是一种采用抽象和分解来控制庞杂的任务或进行巨大复杂系统设计的方法，是基于关注分离的方法（SoC 方法）。
- ❖ 是一种选择合适的方式去陈述一个问题，或对一个问题的相关方面建模使其易于处理的思维方法。
- ❖ 是按照预防、保护及通过冗余、容错、纠错的方式，从最坏情况进行系统恢复的一种思维方法。
- ❖ 是利用启发式推理寻求解答，即在不确定情况下的规划、学习和调度的思维方法。
- ❖ 是利用海量数据来加快计算，在时间和空间之间，在处理能力和存储容量之间进行折中的思维方法。

与许多概念一样，计算思维在学术界存在一定的共识，但也有不少争议。在取得共识的层面，多数研究者都认可：

- ❖ 计算思维是一种思维过程，可以脱离计算机、互联网、人工智能等技术独立存在。
- ❖ 这种思维是人的思维而不是计算机的思维，是人用计算思维来控制计算设备，从而更高效、快速地完成单纯依靠人力无法完成的任务，解决计算时代之前无法想象的问题。
- ❖ 这种思维是未来世界认知、思考的常态思维方式，它教会人类理解并驾驭未来世界。

也就是说，计算思维教育不需要人人成为程序员、工程师，而是在未来时代拥有一种适配未来的思维模式。计算思维是人类在未来社会求解问题的重要手段，而不是让人像计算机一样机械运转。

2011 年，周以真教授再次更新定义提出计算思维包括算法、分解、抽象、概括和调试 5 个基本要素。后又经过多年的研究、扩展、归并，其基本思维的流程与要素能够被大致明确为 6 个关键要素，如图 1.8 所示。

计算思维的本质是抽象（abstract）和自动化（automation）。它反映了计算的根本问题，即什么能被有效地自动执行。

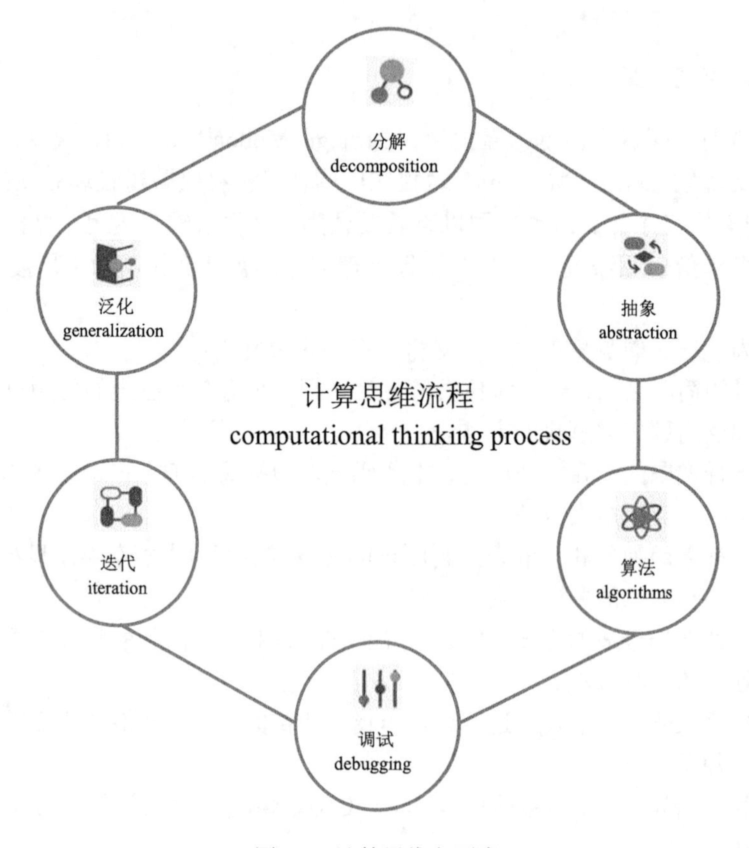

图 1.8 计算思维六要素

抽象层次是计算思维中的一个重要概念，它使人们可以根据不同的抽象层次，有选择地忽视某些细节，最终控制系统的复杂性。在分析问题时，计算思维要求将注意力集中在感兴趣的抽象层次或其上下层，还应当了解各抽象层次之间的关系。

计算是抽象的自动执行，自动化需要某种计算机去解释抽象。从操作层面上讲，计算就是如何寻找一台计算机去求解问题，隐含地说就是要确定合适的抽象，选择合适的计算机去解释执行该抽象，后者就是自动化。

计算思维中的抽象最终要机械地一步一步自动执行。为了确保机械地自动化，需要在抽象过程中进行精确、严格的符号标记和建模，同时也要求计算机系统或软件系统生产厂家能够向公众提供各种不同抽象层次之间的翻译工具。

基于上述定义，可以挖掘出如下 3 个层次的内涵。

1）求解问题中的计算思维。利用计算手段求解问题的过程是：首先要把实际的应用问题转换为数学问题，可能是一组偏微分方程（partial differential equations，PDE）；其次将 PDE 离散为一组代数方程组；然后建立模型、设计算法和编程实现；最后在实际的计算机中运行并求解。前两步是计算思维中的抽象，后两步是计算思维中的自动化。

2）设计系统中的计算思维。卡普尔（Kapoor）认为：任何自然系统和社会系统都可视为一个动态演化系统，演化伴随着物质、能量和信息的交换，这种交换可以映射为符号变换，使之能用计算机实现离散的符号处理。当动态演化系统抽象为离散符号系统后，就可以采用形式化的规范来描述，通过建立模型、设计算法和开发软件来揭示演化的规律，实时控制系统的演化并自动执行。

3）理解人类行为中的计算思维。王飞跃研究员认为：计算思维是基于可计算的手段，以定量化的方式进行的思维过程。计算思维就是能满足信息时代新的社会动力学和人类动力学要求的思维。在人类的物理世界、精神世界和人工世界中，计算思维是建设人工世界所需要的主要思维方式。

1.4.2 计算思维的分类

王跃飞研究员认为，广义而言，计算思维就是基于可计算的手段，以定量化的方式进行的思维过程；狭义而言，计算思维就是数据驱动的思维过程（data-driven thinking）。其中的“定量”与“数据”都应广义地去理解。

蒋宗礼教授在 2013 年提出朴素的计算思维、狭义计算思维和广义计算思维的概念，以区分不同人才对计算思维能力的要求。朴素的计算思维可以说是“计算机科学之计算思维”，以面向计算机科学学科人群的研究、开发活动为主，包括计算思维最基础和最本质的内容。狭义的计算思维是指“计算学科之计算思维”，以面向计算机专业人群的生产、生活等活动为主。广义的计算思维是指“走出计算学科之计算思维”，适应更大范围的人群的研究、生产、生活活动，甚至追求在人脑和计算机的有效结合中取长补短，以获得更强大的问题求解能力。

计算思维是 21 世纪中叶每一个人都要用的基本工具，它将会像数学和物理那样成为人类学习知识和应用知识的基本组成和基本技能。计算机教育在大学整体教育中的重要性将会更加突出，成为在通识教育中培养具有现代科学思维精神和能力的必修课程之一。

1.4.3 计算思维的应用

人们在日常生活中的很多做法其实都和计算思维不谋而合，也可以说计算思维从生活中吸收了很多有用的思想和方法，来看一些例子。

1）算法思维：菜谱可以说是算法思维（或程序）的典型代表，它将一道菜的烹饪方法一步一步地罗列出来，即使不是专业厨师，照着菜谱的步骤也能做出可口的菜肴。这里，菜谱的每一个步骤必须足够简单、可行。例如，“将土豆切成块状”“将 1 两油倒入锅加热”等都是可行的步骤，而“使菜肴具有神秘香味”则不是可行的。

2）模块化：很多菜谱都有“勾芡”这个步骤，与其说这是一个基本步骤，不如说是一个模块，因为勾芡本身代表着一个操作序列——取一些淀粉，加点儿水，搅拌均匀，在适当时候倒入菜中。因为这个操作序列经常使用，为了避免重复，也为了使菜谱结构清晰、易读，所以用“勾芡”这个术语简明地表示。这个例子同时也反映了在不同层次上进行抽象的思维。

3）查找：如果要在英汉词典中查一个英文单词，相信读者不会从第一页开始一页页地翻看，而会根据字典有序排列的方法，快速地定位单词词条。又如，如果现在老师说“请将本书翻到第 8 章”，学生会怎么做呢？是的，书前的目录可以帮助学生直接找到第 8 章所在的页码。这正是计算机中广泛使用的索引技术。这些都是典型的启发式思维的运用。

4）回溯递归思维：人们在路上遗失了东西之后，会沿着原路，一边往回走一边寻找。或者在一个岔路口，人们选择一条路走下去，如果最后发现此路不通就按原路返回，到岔路口再选择另一条路。这种回溯法对于系统地搜索问题空间是非常重要的。

5）缓冲：假如将学生用的教科书视为数据，上课视为对数据的处理，那么学生的书包就可以视为缓冲存储。学生随身携带所有的教科书是不可能的，因此每天只能把当天要用的教科书放入书包，第二天再装入新的教科书。

6）并发并行处理思维：厨师在烧菜时，如果一道菜需要在锅中煮一段时间，厨师一定会利用这段时间去做别的事情（比如将另一个菜洗净切好），而绝不会无所事事。在此期间，如果锅里的菜需要加盐、加作料，厨师可以放下手头的活去处理锅里的菜。这样，虽然只有一个厨师，但他可以同时做几道菜。

类似的例子还有很多，此处不再一一列举。要强调的一点是，在学习用计算机解决问题时，如果经常想想生活中遇到类似问题时的做法，一定会对找出问题解法有所帮助。下面举一个具体的例子来说明生活中使用计算思维解决问题的方法。

小偷从学校图书馆偷走了大量的计算机类书籍，然后开车逃走了。

警方确认了 3 名嫌疑人，他们被带到警察局进行审问，以下信息是在审问中透露的：①除亚当、鲍勃和克莱尔外，其他人没有参与盗窃的可能；②克莱尔不参加任何活动，除非亚当也参与；③鲍勃不会开车。

请问亚当一定有罪吗？

解析：

如果鲍勃是无辜的，那么一定是亚当或克莱尔中的一个犯下了罪行；如果鲍勃牵涉其中，那么他至少应该有一个同伙，因为他不会开车。这样看来，亚当和克莱尔中至少有一个是有罪的。

如果克莱尔是无辜的，亚当一定是有罪的；如果克莱尔有罪，根据上述条件②，亚当一定是有罪的。所以亚当一定是有罪的。

许多计算机类问题需要使用逻辑来推导出解决方案。如果问题有多个条件，通常将问题分解为更小的步骤并分别考虑这些条件。在上面的例子中，本书尝试做出不同的假设，然后逐步淘汰那些导致矛盾的假设。根据剩余的条件，本书得出结论：亚当是有罪的。

也可以尝试用逻辑语言来解决这个问题。

用 A 表示“亚当有罪”，用 B 表示“鲍勃有罪”，用 C 表示“克莱尔有罪”。

从警方的审问中，得知以下情况属实。

a. $A \vee B \vee C$　b. $C \rightarrow A$　c. $B \rightarrow (A \vee C)$

其中，$\vee$是逻辑中的“或”，即如果 $X \vee Y$ 为真，则说明 X 或 Y 中至少有一个为真；$\rightarrow$

是逻辑中的“蕴含”，即如果 X→Y 为真，则说明若 X 为真，Y 一定为真；若 X 为假，Y 可能为真或假。本书用 0 表示假，1 表示真，可得到推断过程的真值表（见表 1.4），绘制真值表可以帮助读者在复杂的情况下提高推理的有效性。

通过以上列出的条件，可以为三元组(A,B,C)构造一个包含所有 8 个可能值的表（见表 1.4），并得到：对于上述 3 个条件都为真的所有行中，A 都为真。由此可以推断亚当一定是有罪的。

表 1.4　推断过程

A	B	C	A∨B∨C	C→A	B→(A∨C)
0	0	0	0	1	1
0	0	1	1	0	1
0	1	0	1	1	0
0	1	1	1	0	1
1	0	0	1	1	1
1	0	1	1	1	1
1	1	0	1	1	1
1	1	1	1	1	1

计算思维将成为每一个人应掌握的技能组合成分，而不仅仅限于科学家。普适计算之于今天就如计算思维之于明天。普适计算是今日现实的昨日之梦，而计算思维就是明日之现实。

思　考　题

1．学习计算思维的方法是（　　）。

A．为思维而学习知识而不是为知识而学习知识

B．不断训练，只有这样才能将思维转换为能力

C．先从贯通知识的角度学习思维，再学习更为细节的知识，即用思维引导知识的学习

D．以上所有

2．学习计算思维是因为（　　）。

A．计算学科知识膨胀速度非常快，知识学习的速度跟不上知识膨胀的速度，因此要先从知识的学习转向思维的学习，在思维的指引下再去学习知识

B．如果理解了计算思维，便具有了融会贯通、联想启发的能力，这样再看计算学科的知识便感觉它们似乎具有相同的道理或原理，只是术语不同而已

C．学习计算思维并不仅仅是学习计算机及相关软件的原理，因为社会/自然中的很多问题解决思路与计算学科中的方法和原理是一致的，计算思维的学习也可以提高解决社会/自然问题的能力

D．不仅仅是上述的理由，有很多理由说明大思维比小技巧更重要，思维的学习比知识的学习更重要

3．如图 1.9 所示，桌子上有 5 个空玻璃杯。1 个杯口朝下，4 个杯口朝上。翻转玻

璃杯会将其从杯口朝上更改为杯口朝下，或从杯口朝下更改为杯口朝上。在一个回合中，读者必须翻转3个不同的玻璃杯。翻转的玻璃杯不需要相邻。使所有玻璃杯朝上的最小圈数是多少？

图1.9 翻转玻璃杯

4．计算机通常从上到下逐行读取程序。当正常运行图1.10显示的程序时，它应该打印出来：

2

4

8

图1.10 从下到上读取程序

今天计算机运行异常。它是从下到上逐行读取程序的。那么今天运行这个程序时，计算机实际打印了什么？

提示：符号“←”表示“将右侧的计算值存储到左侧的变量中”，如在第一行中，2将存储到名为A的变量中；符号*是乘法符号。

第 2 章　Python 语言基础

选择 Python 作为求解问题语言的理由有很多，但最根本的一点是因为计算求解中，有许多想法需要立即验证，而 Python 是最容易验证求解者想法的语言，只需将想验证的语句输入，按 Enter 键即可得到答案。

2.1　Python 简介

2.1.1　Python 是什么

Python 是一种面向对象的、解释型的计算机程序设计语言，也是一种功能强大且完善的通用型语言。它已经有 30 多年的发展历史，因此已经非常成熟和稳定。Python 具有脚本语言中丰富而强大的类库，同时也借鉴了简单脚本和解释语言的易用性。它拥有非常简洁且清晰的语法特点，几乎可以在所有的操作系统中运行，能够支持绝大多数应用系统的构建。Python 作为一种功能强大且通用的编程语言，广受用户好评。在软件质量控制、提升开发效率、可移植性、组件集成、库支持等各个方面，Python 均处于领先地位。许多公司都在使用 Python 完成各种各样的任务。

2.1.2　Python 的语言特点

Python 语言被广泛使用，是因为它具有以下几个显著的特点。

1. 简单易学

Python 是一种代表简单思想的语言。Python 的关键字少、结构简单、语法清晰，有大量的各种支持库，使读者可以在相对较短的时间内轻松上手。

2. 易于阅读

Python 代码定义得非常清晰，它没有使用其他语言通常用来访问变量、定义代码块和进行模式匹配的命令式符号，而是采用强制缩进的编码方式，去除了“{}”等语法符号，从而看起来十分规范和优雅，具有极佳的可读性。

3. 开源免费

Python 是自由/开源软件。使用 Python 是免费的，开发者可以自由地发布这个软件的副本，阅读源代码，甚至对它进行改动。“免费”并不代表“无支持”，恰恰相反，Python 的在线社区对用户需求的响应和商业软件一样快。而且，由于 Python 完全开放源代码，提高了开发者的实力，并产生了强大的专家团队。Python 的开发是由社区驱动的，是 Internet 大范围的协同合作努力的结果。

4. 高级语言

每一代编程语言的产生，都会使软件开发达到一个新的高度。汇编语言解放了那些挣扎在烦琐的机器代码中的程序员，C 和 FORTRAN 等语言的出现将编程语言的开发效率提升到了新的高度，同时出现了软件开发行业。C 语言之后又诞生了更多像 C++、Java 这样的现代程序设计语言，也有了像 Python 这样的解释型脚本语言。用户在使用 Python 编程时，无须再去考虑诸如管理程序内存等底层的细节，只需要集中精力关注程序的主要逻辑即可。

5. 可移植性

由于 Python 的开源本质，它可以被移植到许多平台上，在各种不同的系统上都可以看到 Python 的身影。在当今的计算机领域，Python 的应用范围持续快速增长。因为 Python 是用 C 语言写的，由于 C 语言的可移植性，Python 可以运行在任何带有 ANSIC 编译器的平台上。

6. 面向对象

Python 既支持面向过程编程，也支持面向对象编程。在面向过程的语言中，程序是由过程或仅仅是可重用代码的函数构建起来的。在面向对象的语言中，程序是由数据和功能组合而成的对象构建起来的，与其他的面向对象语言相比，Python 以非常强大又简单的方式实现了面向对象编程。

7. 解释型

Python 是一种解释型语言，这意味着开发过程中没有了编译环节。一般来说，由于不是以本地机器码运行，纯粹的解释型语言通常比编译型语言运行得慢。然而，类似于 Java，Python 实际上是字节编译的，其结果就是可以生成一种近似于机器语言的中间形式，这不仅改善了 Python 的性能，同时使它保持了解释型语言的优点。

8. 粘接性

Python 程序能够以多种方式轻易地与其他语言编写的组件“粘接”在一起。例如，Python 的 C 语言 API 可以帮助 Python 程序灵活地调用 C 程序。这意味着用户可以根据需要给 Python 程序添加功能，或者在其他环境系统中使用 Python。例如，将 Python 与 C 或者 C++写成的库文件混合起来，使 Python 成为一个前端语言和定制工具，这使得 Python 成为一个很好的快速原型工具。出于开发速度的考虑，系统可以先使用 Python 实现，之后转移至 C，根据不同时期性能的需要逐步实现系统。

2.1.3 Python 的应用场景

由于 Python 具有很多优点，因此其在很多领域都有应用。下面简单介绍 Python 的主要应用场景。

1. 常规软件开发

Python 支持函数式编程和面向对象编程，能够承担任何种类软件的开发工作，因此常规的软件开发、脚本编写、网络编程等都属于其标配能力。

2. 科学计算

Python 被广泛应用于科学和数字计算中，如 NumPy、SciPy、Biopython、Sunny 等 Python 扩展工具经常被应用于生物信息学、物理、建筑、地理信息系统、图像可视化分析、生命科学等领域。随着 NumPy、SciPy、Biopython 等众多科学计算库的开发，Python 越来越适合于科学计算、绘制高质量的 2D 和 3D 图像。目前，科学计算领域较流行的商业软件是 MATLAB，Python 作为一门通用的程序设计语言，比 MATLAB 采用的脚本语言的应用范围更广泛，也有更多的程序库支持。

3. 系统管理与自动化运维

Python 提供了许多有用的 API，能方便地进行系统的维护和管理。作为 Linux 操作系统中的标志性程序设计语言之一，Python 是很多系统管理员理想的编程工具。同时，Python 也是运维工程师的首选语言，在自动化运维方面已经深入人心。例如，SaltStack 和 Ansible 都是应用较多的自动化运维管理工具。

4. 云计算

开源云计算解决方案 OpenStack 就是基于 Python 开发的。

5. Web 开发

基于 Python 的 Web 开发框架非常多，如 Django、Tornado、Flask 等。其中，Django 架构的应用范围非常广，开发速度非常快，能够快速搭建起可用的 Web 服务。例如，视频网站 YouTube 就是采用 Python 开发的。

6. 游戏

很多游戏使用 C++编写图形显示等高性能模块，使用 Python 编写游戏的实现逻辑。

7. 网络爬虫

网络爬虫是大数据行业获取数据的核心工具，许多大数据公司都在使用网络爬虫获取数据。其中，能够编写网络爬虫的编程语言很多，Python 就是其中的主流之一，其 Scrapy 爬虫框架的应用非常广泛。

8. 数据分析

在大量数据的基础上，结合科学计算、机器学习等技术，对数据进行清洗、去重、标准化和有针对性的分析是大数据行业的基石。Python 也是目前用于数据分析的主流编程语言之一。

9. 人工智能

Python 在人工智能领域内的机器学习、神经网络、深度学习等方面都是主流的编程语言，得到了广泛的支持和应用。例如，著名的深度学习框架 TensorFlow、PyTorch 等都对 Python 提供了非常好的支持。

2.2 Python 编程环境

Python 的编程环境有很多的选择，根据计算要求的差异，不同的开发运行环境可适应于不同的目的。从满足简单的计算任务到满足较复杂的专业计算需求，Python 都有对应的运行环境。

2.2.1 Python 的语言版本

Python 资源非常丰富且多数都是免费开源的，这些资源被分成了两个版本，即 Python 2.x 和 Python 3.x。Python 2.x 和 Python 3.x 都处在 Python 社区的积极维护之中。但是 Python 2.x 已经不再进行功能开发，只进行 bug 修复、安全增强以及移植等工作，以便开发者能顺利地从 Python 2.x 迁移到 Python 3.x。Python 3.x 经常会添加新功能以进行改进，而这些新功能与改进不会出现在 Python 2.x 中，现在 Python 3.x 已经可以兼容大部分 Python 开源代码。由于 Python 3.x 是今后的主流方向，因此本书中采用的是 3.x 版本。

2.2.2 Python 的运行环境

1. Python IDLE

访问 Python 官网，选择 Windows 操作系统的安装包下载，如图 2.1 所示。

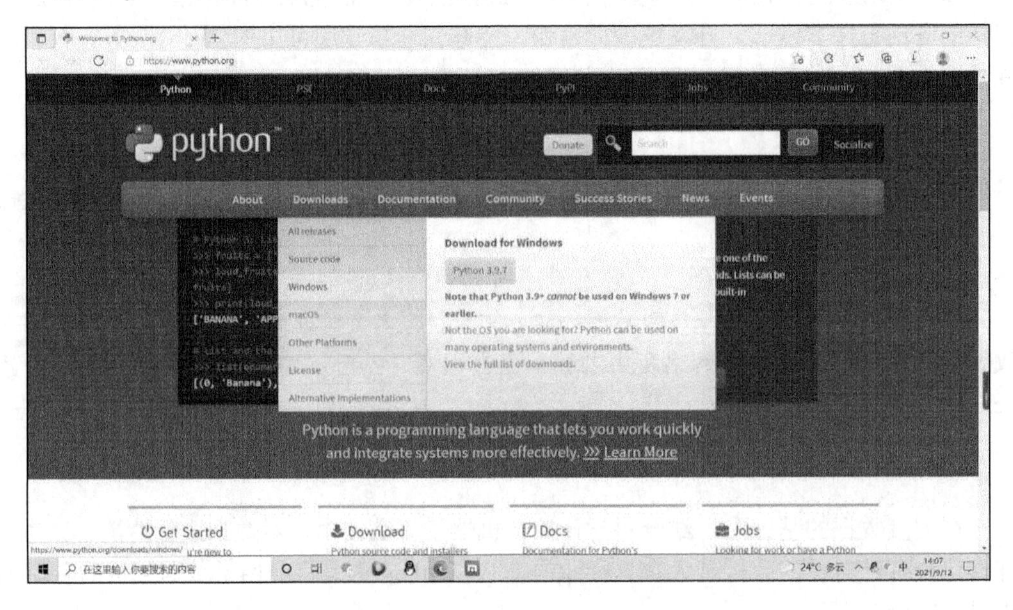

图 2.1　从 Python 官网下载 Python

进入 Windows 界面，选择安装包文件进行下载，本书选择的是 Python 3.9.7（64-bit）版本，下载完成后便开始安装，安装界面如图 2.2 所示。注意选择第一种安装方式，并且选中 Add Python 3.9 to PATH 复选框，让安装程序自动将 Python 配置到环境变量中，不再需要手动添加环境变量。

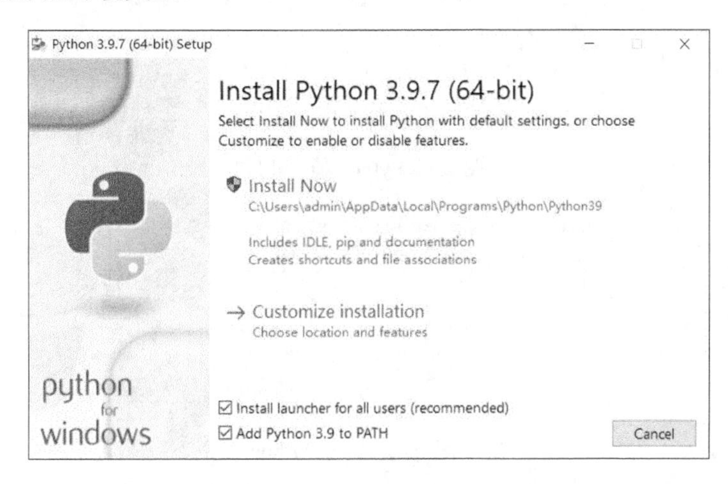

图 2.2　Python 安装界面

安装完成后，需要验证 Python 是否已经安装成功。打开命令提示符界面，输入“python”，按 Enter 键后输出 Python 的版本信息等，则说明 Python 已经安装成功，如图 2.3 所示。

```
命令提示符 - python
Microsoft Windows [版本 10.0.19042.1165]
(c) Microsoft Corporation。保留所有权利。

C:\Users\admin>python
Python 3.9.7 (tags/v3.9.7:1016ef3, Aug 30 2021, 20:19:38) [MSC v.1929 64 bit (AMD64)] on win32
Type "help", "copyright", "credits" or "license" for more information.
>>>
```

图 2.3　验证 Python 是否安装成功

当安装了 Python 3.x 之后，在 Windows 的“开始”菜单中可以找到安装目录，在其中找到程序 IDLE（Python GUI），它是一个非常简单的编程运行环境，如图 2.4 所示。Python IDLE 中的“>>>”是语句提示符，任何合法的 Python 语句、表达式都可以在其后输入，按 Enter 键后立即生效。在图 2.4 中，给变量 a 和 b 分别赋值，并用 c 计算二者的和。这与学习数学的过程是一致的，无须考虑 a、b、c 是否定义过、是什么类型的变量等问题。

虽然图 2.4 中所示的操作对编程者验证简单问题很重要，但实际编写程序时，几乎不会这么编写。图 2.4 中的 File 菜单可以帮助读者将求解问题的语句组形成一个文件，也称为源程序并保存下来（后缀为.py），以便随时执行。其过程为：选择 File→New File 命令，建立文件，输入程序语句，保存成.py 文件，如图 2.5 所示。然后选择 Run→Run

Module 命令运行程序，也可以直接按 F5 键运行程序，运行结果如图 2.6 所示。

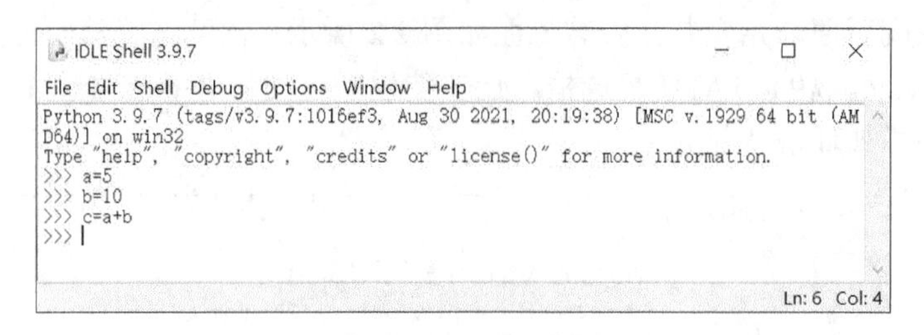

图 2.4　Python 的 IDLE

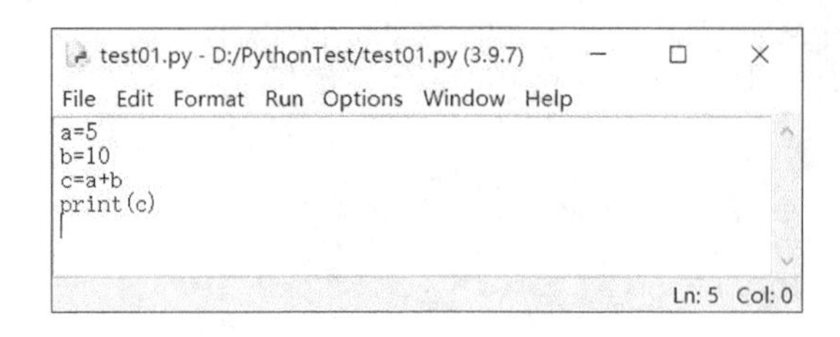

图 2.5　用 IDLE 编写 Python 程序

```
IDLE Shell 3.9.7
File Edit Shell Debug Options Window Help
Python 3.9.7 (tags/v3.9.7:1016ef3, Aug 30 2021, 20:19:38) [MSC v.1929 64 bit (AM
D64)] on win32
Type "help", "copyright", "credits" or "license()" for more information.
>>>
====================== RESTART: D:/PythonTest/test01.py ======================
15
>>> |
Ln: 6 Col: 4
```

图 2.6　Python 程序运行后的输出结果界面

对比图 2.4 和图 2.5，可以发现程序语句是一样的，只是看不到“>>>”提示符。最后的 print 语句代表输出。

程序运行时，会再次回到 IDLE 的 Shell 界面。

注意：图 2.6 中的 RESTART 行，这是提示行，通知用户刚才运行的程序的结果在这行之后。

2. Anaconda

作为开发环境，无论是各种类库的配置，还是系统升级，Anaconda 都是 Python 开发环境较好的选择。它是完全免费的企业级 Python 大规模数据处理、预测分析和科学计算工具，适合进行科学计算研究。前面提到的各种数据处理、制图所需的类库，在 Anaconda 安装完毕后，都已自动为用户配置完毕，从这点出发，Anaconda 比 IDLE 有更大的优势。

Anaconda 可以从 https://www.anaconda.com/download/免费下载，分 Windows 和 Linux 等版本。Windows 版本的下载界面如图 2.7 所示。

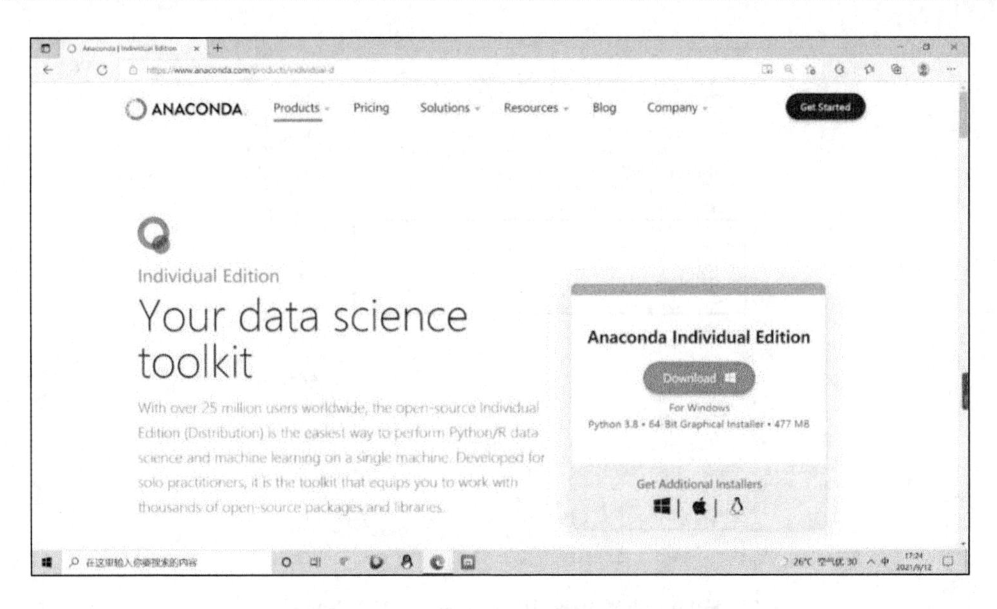

图 2.7　Anaconda Windows 版的下载界面

本书中选择的是 Python 3.8 • 64-bit 版本。下载完毕后，根据提示安装 Anaconda，在安装过程中选中 Add Anaconda3 to the system PATH environment variable 复选框，如图 2.8 所示。

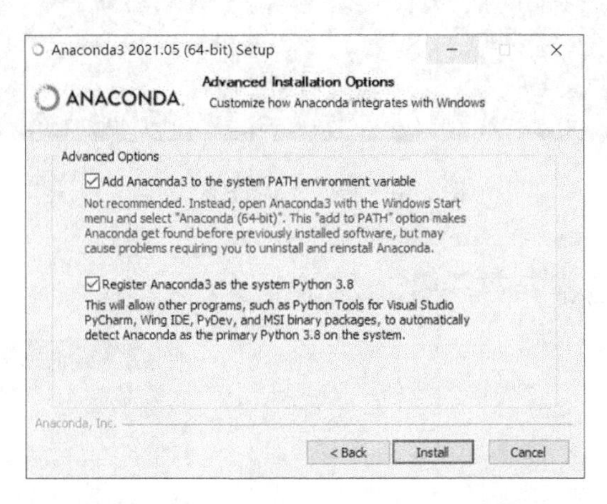

图 2.8　将 Anaconda 添加到 Path 环境变量中

安装成功后可以查看用户变量中的 Path，其方法为：右击“此电脑”，在弹出的快捷菜单中选择“属性”命令，进入“高级系统设置”界面，在其中单击“环境变量”按钮，在弹出的对话框的“WSSD 的用户变量”列表框中双击“Path”项，可以看到 Anaconda 的环境变量设置成功，如图 2.9 所示。

安装完成并设置后，打开命令提示符号，输入“python”并按 Enter 键，可以看到 Python 的版本信息和 Anaconda 的字样，说明 Anaconda 安装成功，如图 2.10 所示。

安装完毕后，在 Windows 的“开始”菜单中找到其安装目录，在目录中找到 Spyder 并运行，即可进入开发环境，如图 2.11 所示。

图 2.9　查看 Path 中 Anaconda 环境变量的值

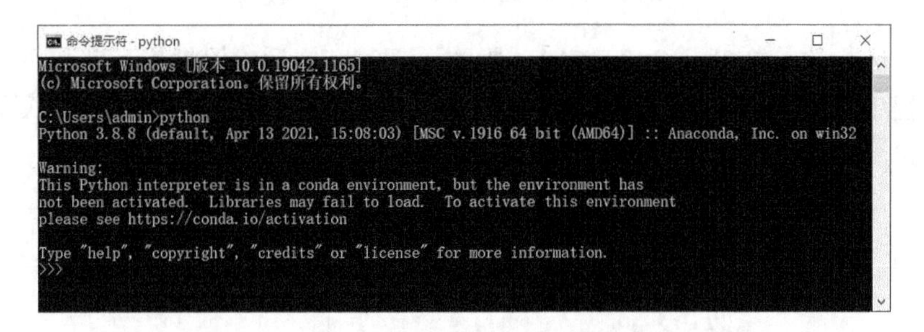

图 2.10　验证 Anaconda 安装

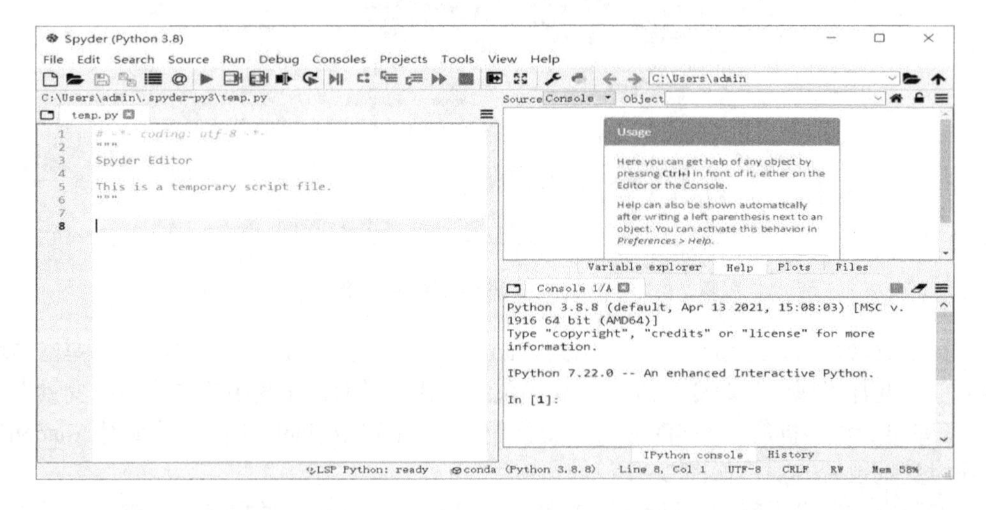

图 2.11　Anaconda 的 Spyder 开发环境

如果想使用中文界面，选择 Tools→Preferences 命令，在弹出的“Preferences”对话框中选择 General→Advanced settings，将 Language 改为“简体中文”，如图 2.12 所示，

单击“Apply”按钮。弹出“Information”对话框，提示 Spyder 需要重启以更改以下设置：语言。单击“Yes”按钮，如图 2.13 所示。

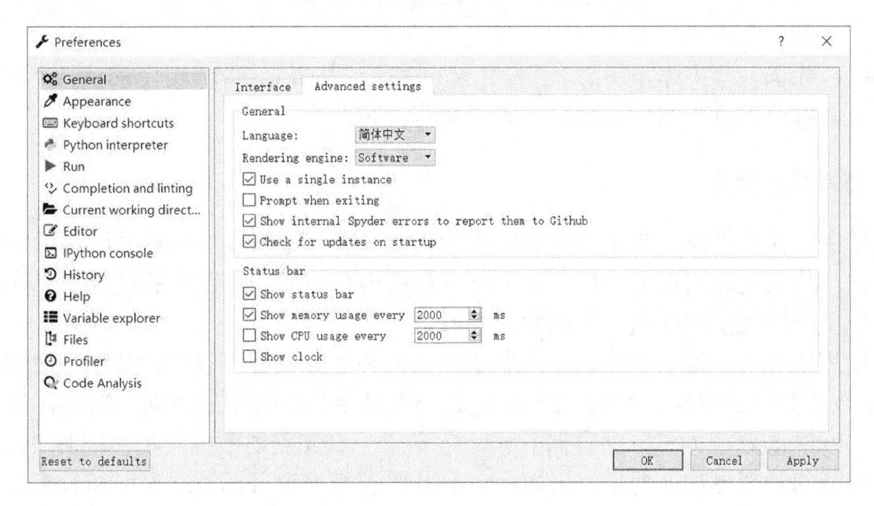

图 2.12　将 Spyder 修改为中文界面

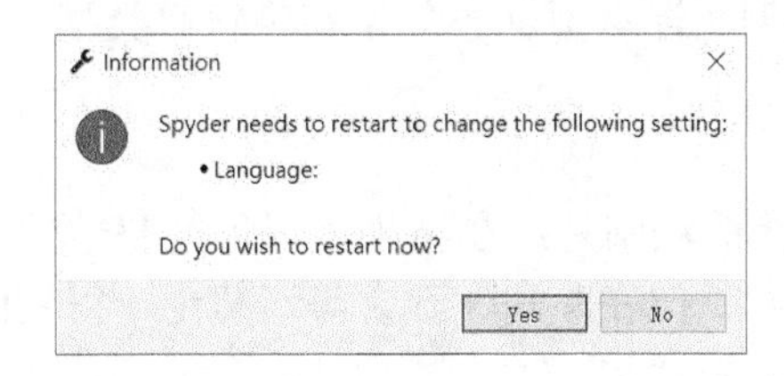

图 2.13　Spyder 重启询问

Spyder 自动重启后切换为中文界面，如图 2.14 所示。

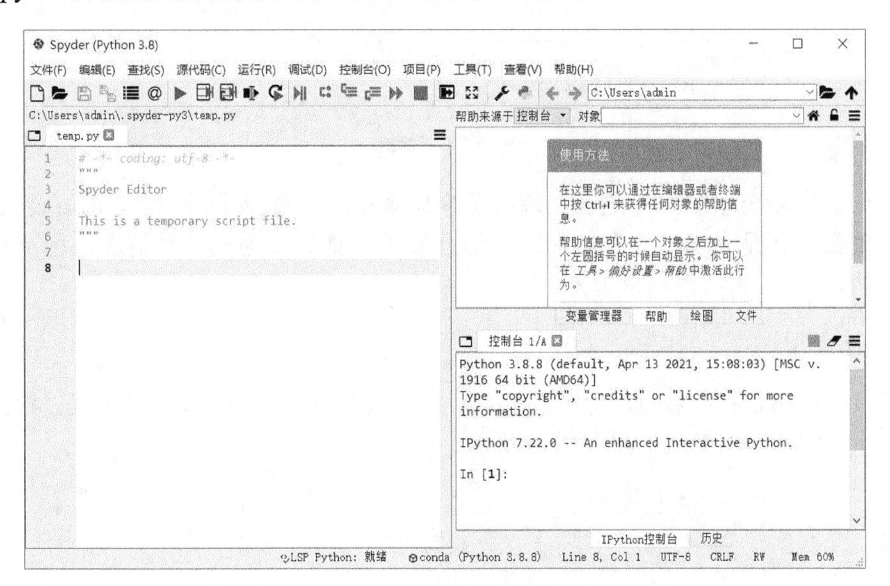

图 2.14　Spyder 中文界面

2.3 语言基本要素

Python作为一种程序设计语言，有其本身的组成要素和语法规则。因此，在用Python编程求解问题时，首先需要对其语言要素进行了解。

2.3.1 基本数据类型

变量在存储数据时，首先要指定变量的类型，因为不同类型的数据所占用的空间大小不一样，其表现形式也不一样。为了充分利用内存空间，可以为变量定义不同的数据类型，使用不同类型的变量来存储对应的数据。

数据是信息的一种表现形式，在程序中数值和非数值都可以作为数据。例如，年龄“50”是数值类型的数据，名称“hello python”是字符串类型的数据。数据在生活中无处不在，Python语言为了方便存储数据，定义了一套完整的数据类型，同时Python 3.x对数据类型的管理更加人性化。例如，它不再要求编程者自己管理整型和长整型，也不再将整数除法运算的结果默认表达为整数。所以，Python 3.x的初学者着重掌握4种基本数据类型即可，包括整型、浮点型、布尔型和字符串类型。

1. 整型

Python 3.x对整数运算的法则是：在结果能保证是整数的运算中，如加、减、乘、绝对值等，结果仍然是整数，但在除法、开方等运算中，得到的结果则为实数。如果需要指定整数除，则使用运算符“//”。

在Python 3.x中，只要内存许可，整数可以表达到任意范围。例如，在Spyder的Console中输入2**100（即2^{100}），系统会自动输出数值，如图2.15所示。

图2.15 整型

可见2^{100}也表达得很好，这已经超出了操作系统的位数。实际上，读者也可尝试2^{1000}，但这个整数实在是太长了。在实际的科学计算中，如果真遇到这种情况，用浮点数会更好一些。

2. 浮点型

浮点型是指带有小数点部分的数值，对应于实数域。需要特别强调的是，浮点数的表达并不一定都非常精确，如图2.16所示。

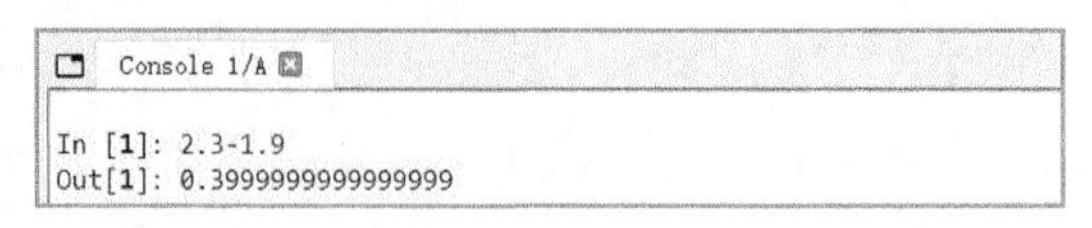

图2.16 浮点型

这要求读者在做判断计算时特别注意，例如，程序中用下面的语句作为判断准则以决定后续的步骤时，就是错误的：

```
(3.3-2.3)==1.0
```

这种情况，有经验的程序员一般采用如下形式表达：

```
abs((3.3-2.3)-1.0)<0.000001
```

最后，也需要提一下浮点数的表达范围，虽然很多人将浮点数理解为实数集 **R**，但实际上受内存及浮点数在计算机中表达的限制，浮点数的表达范围做不到(−∞，+∞)。

3. 布尔型

布尔型的取值只有两个：True 和 False。布尔型一般用在关系运算和逻辑运算中，用于判断事件的真假，如图 2.17 所示。

图 2.17　布尔型

4. 字符串类型

字符串是字符的序列。在 Python 中，字符串有以下 3 种表达形式。

1）用单引号包括的单行字符序列。

2）用双引号包括的单行字符序列。

3）用两边都是 3 个单引号或 3 个双引号包括的多行字符序列。

其示例如图 2.18 所示。

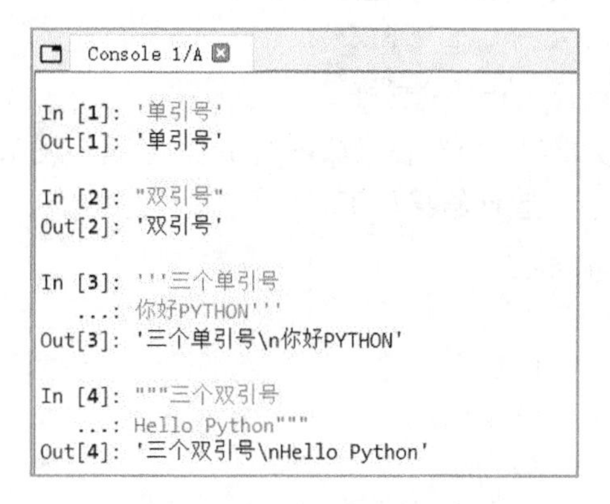

图 2.18　字符串类型

仔细阅读上面的例子，可以发现最后显示的结果都是用单引号包括的字符序列，这是 Python 在告诉读者：结果是个字符串。

2.3.2 转义字符

在 Python 中使用 print()函数输出，需要将文字信息放在一对英文的单引号“'”或英文的双引号“"”之间，如果输出的字符信息包含“'”或“"”，就需要使用转义字符。转义字符及其含义如表 2.1 所示。

表 2.1 转义字符

转义字符	描述	转义字符	描述
\（在行尾时）	续行符	\n	换行
\\	反斜杠符号	\v	纵向制表符
\'	单引号	\t	横向制表符
\"	双引号	\r	回车
\a	响铃	\f	换页
\b	退格（backspace）	\oyy	八进制数，yy 代表字符，如\o12 代表换行
\e	转义	\xyy	十六进制数，yy 代表字符，如\x0a 代表换行
\000	空		

此外，在 Windows 系统中表达文件的路径时，也需要使用“\”。为正确表达路径，需要对“\”进行转义，即用“\\”表达。例如：

```
path='c:\\Python\\hellopython.txt'
```

例 2.1 Python 使用转义字符。

```
print("—励志奖学金\"琅琊榜\"—\n")
print('姓名\t\t 年级\t\t 院系')
print('王红\t\t 大三\t\t 信息工程学院')
print('张明\t\t 大三\t\t 理学院')
print('赵东\t\t 大二\t\t 文学院')
```

在例 2.1 中使用转义字符“\"”表示输出双引号，“\n”表示换行，“\t”是横向制表符，可以将输出字符对齐。运行结果如下：

```
—励志奖学金"琅琊榜"—

姓名        年级        院系
王红        大三        信息工程学院
张明        大三        理学院
赵东        大二        文学院
```

2.3.3 Python 注释

在编程过程中，程序员经常会为某一行或某一段代码添加注释，以提高程序的可读性，方便自己和他人能够清晰看懂代码的具体作用。注释部分的文字或者代码不会被执行。在 Python 中，添加注释的方式有两种，即单行注释和多行注释。

1）单行注释：以“#”开始，后面是代码的说明内容。例如，#输出个人信息。

2）多行注释：以“"""”开始，以“"""”结束，说明内容分布在多行。

例 2.2　为 Python 程序添加注释。

```
# 输出的信息如下：
"""
学生信息如下：
1. 学号：031940102
2. 姓名：王晓名
3. 专业：计算机科学与技术
"""
print('学号：031940102')
print('姓名：王晓名')
print('专业：计算机科学与技术')
```

程序输出结果如下：

```
学号：031940102
姓名：王晓名
专业：计算机科学与技术
```

2.3.4　常数及变量

1. 常数

常数是指某种类型的固定值，如 345、36.6、True、'Student'分别指整型、浮点型、布尔型、字符串类型的常数。

对于非常大或非常小的浮点数，一般用科学记数法来表达，其格式为：ae±n。一般 a 为大于 0 且小于 10 的数值；n 为正整数，意为 10 的 n 次方。例如，1.0e−308 代表 10^{-308}。

2. 变量

在通过计算机程序解决问题时，经常需要处理各种数据。在处理数据的过程中，又会产生新的数据，这就需要对这些数据进行存储，以便在程序执行过程中反复使用。例如，在教务系统中录入的学生信息数据（如学生学号、学生姓名和各科成绩等），在打印成绩单时，程序计算出的每名学生的总成绩或绩点成绩等。在程序中，这些数据需要先存储再使用，那么如何在程序中存储这些数据呢？这就需要编程人员在程序中提供存储数据的容器，此容器被称为变量。

在编程语言中，变量的名字被称为标识符，其定义为：以字母或下画线开头的字母、数字、下画线的序列。例如，_thisScore、studentNum、doTest02 等标识符。变量是程序中存储数据的基本单元，在这个存储空间中，存储的数据值可以改变。

3. 变量的使用

在使用变量时，需要为变量命名，即变量名。通过变量名来指代变量，这样就能使用变量名来访问变量中的数据。对于不同类型的数据，应使用相应类型的变量来存储。因此，可以将变量理解成一个有名字的存储空间。使用变量就是使用变量的值，首先使用“=”将数据存入变量中。具体语法如下。

```
变量名=值
```

例 2.3 变量的使用。

```
name='Tom'
age=19
print("我的名字叫"+name)
print("我今年",age,"岁")
```

在上述示例中，name、age 为变量名，用于标识变量。通过赋值运算符“=”，将“Tom”“19”分别存入变量 name 和 age 中，在 print()函数中输出 name 和 age，即可输出这两个变量中存储的值，运行结果如下：

```
我的名字叫 Tom
我今年 19 岁
```

说明：变量不需要声明数据类型，其类型在赋值时被确定。

Python 变量的命名规则如下。

1）变量名的长度不受限制。其中的字符只能是英文字母、数字或者下画线“_”，而不能使用空格、连字符、标点符号、引号或其他符号。

2）变量名的第一个字符不能是数字，而必须是字母或下画线。

3）Python 区分大小写。

4）不能将 Python 关键字作为变量名，如 and、del、return 等。

5）变量命名尽量做到见名知义，即看见变量名应知道变量的含义，这样能有效提高程序开发的效率。

例 2.4 使用变量存储长方形的长和宽，计算并输出长方形面积。

```
length=8
width=6
s=length * width
print(s)
```

程序的运行结果如下：

```
48
```

2.3.5　运算符和表达式

对各种类型的数据进行加工和处理的过程称为运算，表示运算的符号称为运算符，参与运算的数据称为操作数。例如，在“5+8”这个加法运算中，“+”称为运算符，数字 5 和 8 称为操作数。本节主要介绍 Python 中的算术运算符、关系运算符、逻辑运算符和赋值运算符。

1. 算术运算符

算术运算符主要用于计算。例如，+、−、*、/都属于算术运算符，分别代表加、减、乘、除。Python 中主要的算术运算符如表 2.2 所示。

表 2.2　算术运算符

运算符	意义	实例（m=10，n=5）
+	加：两个对象相加	m+n 输出结果为 15
−	减：得到负数或是一个数减去另一个数	m−n 输出结果为 5
*	乘：两个数相乘或是返回一个被重复若干次的字符串	m*n 输出结果为 50
/	除：x 除以 y	m/n 输出结果为 2
%	取模：返回除法的余数	m%n 输出结果为 0
**	幂：返回 x 的 y 次幂	m**n 为 10^5，输出结果为 100000
//	取整除：返回商的整数部分（向下取整）	11 // 2 输出结果为 5 −11 // 2 输出结果为−6
abs(x)	取绝对值：取 x 的绝对值	abs(−3)输出结果为 3

例 2.5　算术运算符的使用。

```
a=5
b=10
c=0
# 加法运算
c=a+b
print("1.c 的值为：",c)
# 减法运算
c=a-b
print("2.c 的值为：",c)
# 乘法运算
c=a*b
print("3.c 的值为：",c)
# 除法运算
c=a/b
print("4.c 的值为：",c)
# 取余运算
c=a%b
```

```
print("5.c 的值为：",c)
# 取整除运算
c=a//b
print("6.c 的值为：",c)
# 修改 a,b 的值
a,b=3,4
c=a**b
print("7.c 的值为：",c)
```

在例 2.5 中，通过使用不同的算术运算符对变量 a，b 进行了计算，将结果保存到变量 c 中，分别输出 c 的结果，如下所示：

```
1.c 的值为： 15
2.c 的值为： -5
3.c 的值为： 50
4.c 的值为： 0.5
5.c 的值为： 5
6.c 的值为： 0
7.c 的值为： 81
```

2. 关系运算符

关系运算符用于比较两个数，其返回的结果只能是布尔值 True（真）或 False（假）。Python 中常见的关系运算符如表 2.3 所示。

表 2.3 关系运算符

运算符	意义	示例
==	检查两个操作数的值是否相等，如果相等，则条件变为真	m=5，n=5，则(m==n)为 True
!=	检查两个操作数的值是否相等，如果不相等，则条件变为真	m=2，n=5，则(m!=n)为 True
>	检查左操作数的值是否大于右操作数的值，如果是，则条件成立	m=8，n=5，则(m>n)为 True
<	检查左操作数的值是否小于右操作数的值，如果是，则条件成立	m=8，n=5，则(m<n)为 False
>=	检查左操作数的值是否大于或等于右操作数的值，如果是，则条件成立	m=5，n=5，则(m>=n)为 True
<=	检查左操作数的值是否小于或等于右操作数的值，如果是，则条件成立	m=5，n=5，则(m<=n)为 True

例 2.6 关系运算符的使用。

```
a=5
b=10
print(a>b)
print(a>=b)
print(a<b)
print(a<=b)
print(a==b)
print(a!=b)
```

例 2.6 对 a 和 b 的大小进行了比较，运行结果如下：

```
False
False
True
True
False
True
```

3. 逻辑运算符

逻辑运算符用于对两个布尔类型的操作数进行计算，其结果也是布尔值，逻辑运算符如表 2.4 所示。

表 2.4　逻辑运算符

运算符	逻辑表达式	意义
and	m and n	表示逻辑与。m 和 n 同时为 True 时，返回 True；否则返回 False
or	m or n	表示逻辑或。m 和 n 中有一个为 True 时，返回 True；否则返回 False
not	not m	表示逻辑非。m 为 True 时，返回 False；如果 m 为 False，则返回 True

例 2.7　逻辑运算符的使用。

```
a,b,c=5,6,7
m=a>b
n=c>b
print(m and n)
print(m or n)
print(not m)
```

在例 2.7 中，首先对数字进行比较运算，得到对应的布尔值，然后对布尔值进行逻辑运算，运行结果如下：

```
False
True
True
```

4. 赋值运算符

程序中的变量在进行具体运算之前，都需要有明确的值。Python 通过赋值符为变量赋值，赋值符有多种，简单描述如下。

（1）简单赋值

简单赋值符号包括=、+=、−=、*=、/=、%=、**=，其中带运算符的赋值符代表变量在原值的基础上进行对应的运算，例如：

```
a=8          # 表示令 a 的值为 8，a 也就变成了整型类型
a+=8.2       # 表示在 a 原值的基础上，再增加 8.2，a 变成了浮点类型
a**=2        # 表示 a 的值变成原来的平方
```

（2）链式赋值

链式赋值将同一个值赋给多个变量，例如：

```
a=b=c=8.3
```

（3）序列解包赋值

序列解包赋值指用同一个“=”给不同的变量赋值，例如：

```
a,b,c=1,2,3
```

序列解包还可以用来交换变量的值，例如：

```
a,b=b,a
```

例 2.8 赋值运算符的使用。

```
a=5
a+=5.2
print("a=",a)
b=10
b**=2
print("b=",b)
x=y=z=11
print("x=",x," y=",y," z=",z)
m,n=20,30
print("交换前：","m=",m," n=",n)
m,n=n,m
print("交换后：","m=",m," n=",n)
```

例 2.8 对变量进行了各种赋值运算，运行结果如下：

```
a= 10.2
b= 100
x= 11  y= 11  z= 11
交换前： m= 20  n= 30
交换后： m= 30  n= 20
```

2.3.6 数据类型转换

1. 整数、浮点数的相互转换

数值类型的转换，有些是隐式自动完成的。例如，4*3.1，4 会自动转换为 4.0，然后再进行运算。但有些运算，需要对表达式的数值类型进行显式的强制转换，如图 2.19

所示。

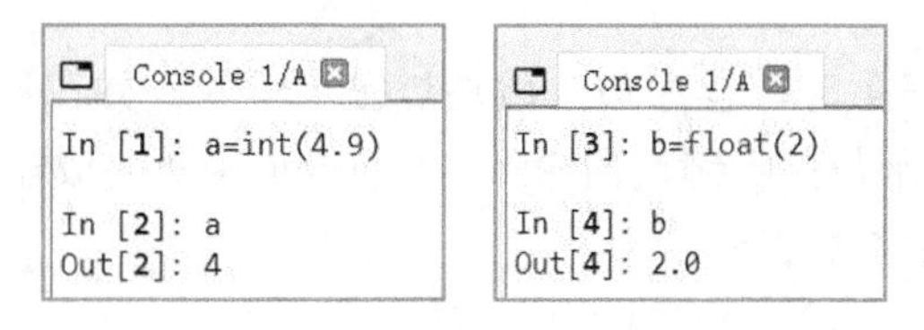
```
In [1]: a=int(4.9)

In [2]: a
Out[2]: 4
```
```
In [3]: b=float(2)

In [4]: b
Out[4]: 2.0
```

图 2.19　强制转换结果

int()和 float()分别实现浮点数到整数和整数到浮点数的强制转换。要注意 int()实现的整数转换是将小数点后面的内容全部截掉了，并不是四舍五入。

2. 字符串到数值的转换

int()和 float()还可用于将数字组成的字符串转换为整数和浮点数，但请注意，数字组成的字符串，可以转换为浮点数，但能否转换为整数，则要看字符串表达的内容是否是整数。

除 int()和 float()外，Python 还提供了一个功能更强大的函数 eval()，用于将任意字符串智能转换为其合理的对应值，如图 2.20 所示。

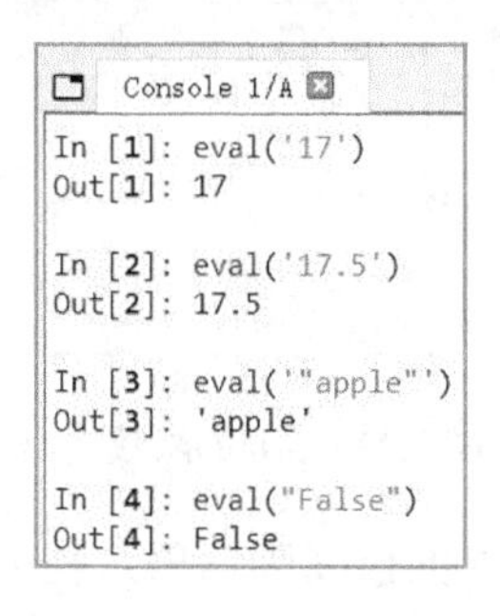
```
In [1]: eval('17')
Out[1]: 17

In [2]: eval('17.5')
Out[2]: 17.5

In [3]: eval('"apple"')
Out[3]: 'apple'

In [4]: eval("False")
Out[4]: False
```

图 2.20　eval()转换

在上面的例子中，用户为 eval 提供了不同类型的数据，eval 分别将其转换为整数、浮点数、字符串、布尔类型。

3. 将各种类型的数据转换为字符串类型

str()用于将各种类型的数据转换为字符串类型，相关示例如图 2.21 所示。

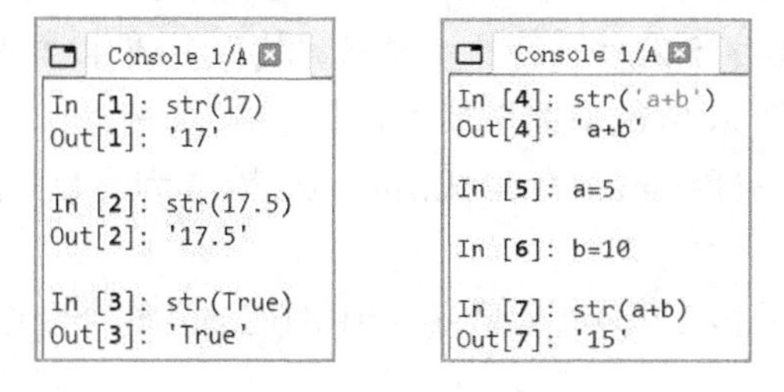
```
In [1]: str(17)
Out[1]: '17'

In [2]: str(17.5)
Out[2]: '17.5'

In [3]: str(True)
Out[3]: 'True'
```
```
In [4]: str('a+b')
Out[4]: 'a+b'

In [5]: a=5

In [6]: b=10

In [7]: str(a+b)
Out[7]: '15'
```

图 2.21　转换为字符串类型

2.3.7 输入/输出

在处理少量数据任务时，程序员一般通过键盘输入，并在屏幕上显示计算结果。Python 3.x 采用 input()函数接收键盘的输入，用 print()函数完成输出。

input()函数的语法格式如下：

```
变量=input([字符串])
```

其中，[ ]号连同其中的内容是可省略的（后续的格式说明中，[ ]号的意义相同）。

请初学者注意，input()函数将输入内容作为字符串。如果需要进行数值计算，则必须按前面讲过的函数进行转换，如转整数、浮点数等。

print()函数的语法格式如下：

```
print(表达式 1[,表达式 2,…,表达式 n,end=""])
```

其中，表达式可以为任何类型，end=""不省略时，表示输出内容后不换行。在表达式为字符串时，其中可以包含%s、%d、%f 等对后续变量输出格式进行控制，分别控制字符串、整型、浮点型的格式。print()函数基本输出示例如图 2.22 所示。

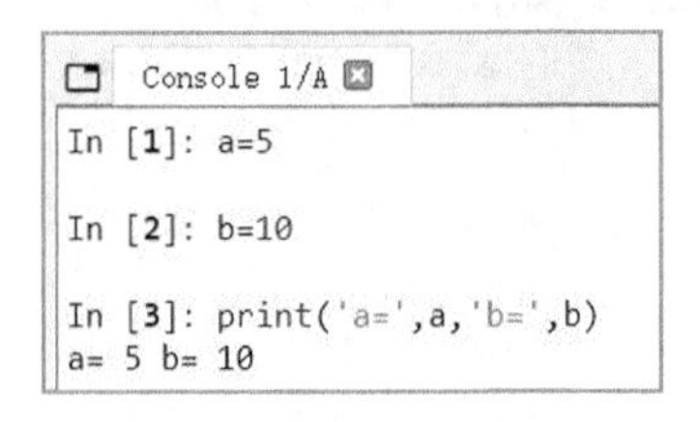

图 2.22　print()函数输出

上述例子中，将字符串与变量的值间隔输出，使阅读者更容易理解结果值的意义。下面修改输出语句，使其按一定的格式输出，如图 2.23 所示。

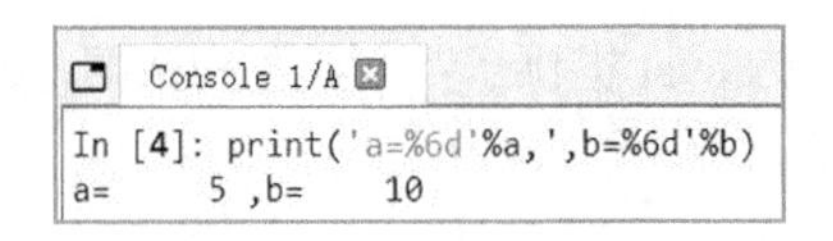

图 2.23　print()函数格式化输出

%6d 控制变量 a、b 的输出，d 代表整数，6 代表列宽，也就是说数字 5 占 6 个字符的宽度，即图 2.23 中数字 5 的前面有 5 个空格，数字 10 的前面有 4 个空格。请注意输出变量 a、b 的写法，即 a、b 的前面增加了%。

浮点数的格式控制采用%m.nf 的形式，m 为列宽，n 为小数点后面的位数，如图 2.24 所示。

通过格式控制，x 保留 2 位小数，数字 7.91 的前面有 6 个空格，而 y 保留 3 位小数。

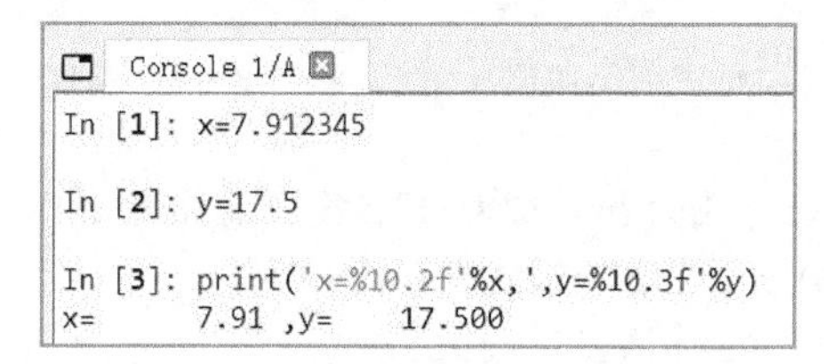

图 2.24 print()函数格式化输出

例 2.9 从键盘输入两个实数存储到 a、b 中，计算 c=a+b，并输出 c。

在 Anaconda 中，选择 File→New File 命令新建一个文件，输入如下代码：

```
a=input('输入 a:')
a=float(a)
b=float(input('输入 b: '))    # 输入后立即转换为浮点数
c=a+b
print('a+b=',c)
```

程序中，在输入 a 后，由于 input()得到的是字符串，因此需要通过 float()将其转换为浮点数，程序运行结果如下：

```
输入 a:3
输入 b: 5
a+b= 8.0
```

2.4 应用实例

例 2.10 按照表 2.5 为水浒传游戏中武松和李逵的两个角色信息赋值，并比较二者的综合实力（综合实力=攻击力+防御力+生命值）。

表 2.5 水浒传游戏中的角色信息

角色名称	攻击力	防御力	装备	生命值
武松	95	90	雪花镔铁戒刀	90
李逵	92	95	鬼王斧	95

参考代码：

```
print("----------------角色赋值--------------\n")
ws_attack =95     # 武松攻击力
ws_defend = 90    # 武松防御力
ws_life = 90      # 武松生命值

lk_attack =92     # 李逵攻击力
lk_defend = 95    # 李逵防御力
```

```
lk_life = 95        # 李逵生命值

print("角色名称\t 攻击力\t 防御力\t 装备\t 生命值\n")
print("武松\t95\t90\t 雪花镔铁戒刀\t90\n")
print("李逵\t92\t95\t 鬼王斧\t95\n")

print("----------------计算角色综合实力--------------\n")
ws_total = ws_attack +ws_defend +ws_life     # 武松综合实力
lk_total = lk_attack + lk_defend + lk_life  # 李逵综合实力

print("武松综合实力：",ws_total)
print("李逵综合实力：",lk_total)

print("----------------比较角色综合实力--------------\n")
print("武松的综合实力比李逵的综合实力高:%s"%( ws_total > lk_total))
```

程序执行后的结果如下：

```
----------------角色赋值--------------

角色名称    攻击力    防御力    装备          生命值

武松        95        90        雪花镔铁戒刀  90

李逵        92        95        鬼王斧        95

----------------计算角色综合实力--------------

武松综合实力： 275
李逵综合实力： 282
----------------比较角色综合实力--------------

武松的综合实力比李逵的综合实力高:False
```

思 考 题

1. 以下标识符正确的是（　　）。

   A. 135　　B. 8_AB　　C. ui789　　D. float

2. 以下表示整型数据的是（　　）。

   A. int　　B. string　　C. char　　D. if

3．print(2>1 and 2>4)的值为__________。

4．请写出以下程序的输出结果__________。

```
a,b,c=1,2,3.0
d=(a+b)/2
e=(a+c)/2
print(d,e)
```

5．编程题：输入圆的半径，计算并输出圆的面积（π 取 3.14）。

第 3 章　流程自动化

算法领域的研究表明，无论多么复杂的算法都可以由顺序结构、选择结构和循环结构这 3 种基本控制结构中的一种或几种组成。本章主要介绍选择结构和循环结构的特征及 Python 中相应结构的语句。

3.1　流程控制结构

3.1.1　流程图

编写程序解决问题时，必须事先对各类具体问题进行仔细分析，确定解决问题的具体方法和步骤，并依据该方法和步骤，实现程序的编写。为了在编程前描述解决问题的方法和步骤，通常使用流程图来实现，流程图是逐步解决指定问题的步骤和方法的一种图形化表示方法。流程图能直观、清晰地帮助读者分析问题或设计解决方案，是程序开发人员的好帮手。

流程图使用一组预定义的符号来说明如何执行特定的任务。流程图中的图形符号如表 3.1 所示。

表 3.1　流程图中的图形符号

图形	说明	图形	说明
	程序开始或结束		判断和分支
	计算步骤/处理符号		连接符
	输入/输出指令	↓↑	流程线

图 3.1 所示为一个流程图示例。为了便于描述，采用连接点 A 将流程图分成两个部分。

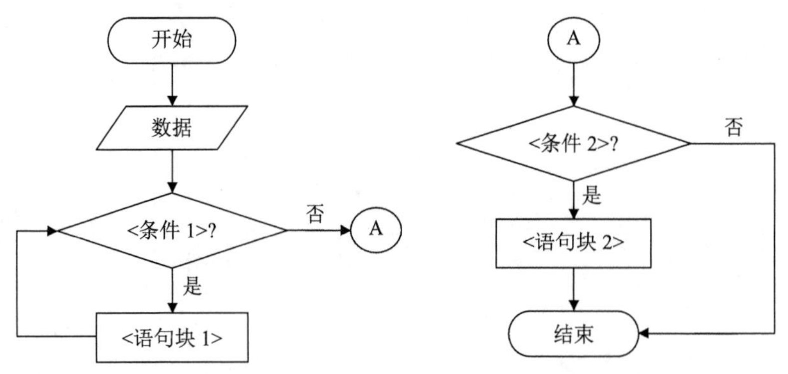

图 3.1　程序流程图示例（由连接点 A 连接的一个程序）

3.1.2 程序结构

使用 Python 语言编写程序时会设计程序的执行流程，程序会默认按照设计的流程执行，但是程序也可以有选择性地执行或重复执行某些语句，这就需要在编写程序时使用不同的程序结构语句。Python 程序的控制结构有顺序结构、选择结构和循环结构 3 种。

1. 顺序结构

顺序结构是一组按照书写顺序执行的语句结构，这种语句结构的控制流程是顺序地从一个处理过程转向下一个处理过程，例如：

```
a =30              # 语句 1
b =10              # 语句 2
sum= a-b           # 语句 3
print ( sum )      # 语句 4
```

在上述代码段中，语句 1 执行后立即转向语句 2 的执行，按照这样的顺序，从语句 1 执行到语句 4。在执行过程中，不跳过某些语句，不重复执行某条语句。从整体结构来看，顺序结构的语句执行过程是一个顺序的处理关系。

2. 选择结构

选择结构又称为分支结构。当程序执行到控制分支的语句时，首先判断条件，然后根据条件表达式的值选择相应的语句执行。选择结构包括单分支、双分支和多分支 3 种形式，在 Python 中使用 if 相关的语句实现选择结构。

3. 循环结构

在程序设计中，对重复执行的语句采用循环结构处理。当程序执行到循环控制语句时，根据循环判定条件对一组语句重复执行多次。在 Python 中用 for 语句、while 语句来实现循环结构。

从程序执行过程的角度来说，顺序、选择及循环 3 种结构可以通过组合或嵌套来实现复杂多样的程序。

3.2 选 择 结 构

在编程中，经常需要根据条件选择不同的语句，从而达到预期的效果。Python 的选择结构有单分支选择结构、双分支选择结构和多分支选择结构。在 Python 中实现选择结构最常用的是 if 语句。

3.2.1 单分支结构：if 语句

Python 中 if 语句的语法格式如下：

```
if <条件>:
    <语句块>
```

语句块是 if 条件满足后执行的一个或多个语句序列，语句块中语句通过与 if 所在行形成缩进，表达包含关系。if 语句首先评估条件的结果值，如果结果为 True，则执行语句块中的语句序列，然后控制转向程序的下一条语句；如果结果为 False，语句块中的语句会被跳过。if 语句的控制流程图如图 3.2 所示。

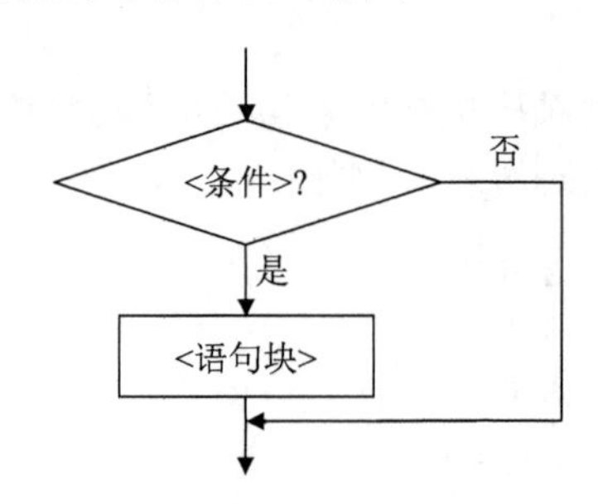

图 3.2　if 语句的控制流程图

if 语句中语句块执行与否依赖于条件判断。但无论什么情况，控制都会转到 if 语句后与该语句同级别的下一条语句。

if 语句中的条件部分可以是一个简单的数字或字符，也可以是包含多个运算符的复杂表达式。通常，表达式中包含关系运算符、成员运算符或逻辑运算符。表达式的结果有两种情况：Ture(1)表示真；False(0)表示假。

例 3.1　天才需要的智商。

智商（intelligence quotient，IQ）反映人的聪明程度，它是法国心理学家阿尔弗雷德・比内（Alfred Binet）提出的。比内将一般人的平均智商定为 100，分数越高，表示越聪明，智商测试 140 分以上的人就可以称为天才。

编写程序，输入一个人的智商值，根据智商值的大小判断这个人能不能称为天才，如果能被称为天才，则输出这个结果。

提示：要想被称为天才，分数至少要大于 140，因此只需要把输入的智商值和 140 做比较，只要智商值大于 140 即输出“天才”，从而实现程序的判断功能。编写程序要养成考虑实际情况的好习惯，如一个人的智商值不可能成千上万，所以需要提醒用户规范自己的输入，最简单的方法就是可以在输入的时候进行文字提示。

程序如下：

```
IQ=int(input("请输入一个 200 以内的整数："))
if  IQ>140:
    print("这是一个天才！")
```

程序执行后的结果如下：

```
>>>
请输入一个 200 以内的整数：145
```

```
这是一个天才！

>>>
请输入一个 200 以内的整数：90
```

3.2.2　双分支结构：if-else 语句

Python 用 if-else 语句来形成双分支结构，语法格式如下：

```
if <条件>:
    <语句块 1>
else:
    <语句块 2>
```

语句块 1 是在 if 条件满足时执行的一个或多个语句序列，语句块 2 是 if 条件不满足时执行的语句序列。双分支语句用于区分条件的两种可能，即 True 或者 False，分别形成执行路径。

例 3.2　身高的苦恼。

华华和明明从小一起长大，年龄也一样，但是令华华苦恼的是，由于自己比明明矮一点儿，明明总在自己面前炫耀他的身高。

六一儿童节到了，华华和明明都想去游乐园玩个痛快，在征得各自父母同意后，华华和明明每人得到了 100 元的门票钱，于是两个人高高兴兴地去游乐园了。到了游乐园才知道，游乐园因为六一儿童节推出了一项优惠活动，身高在 1.4 m 及以下的人门票半价优惠，其余的游客则实行门票九折优惠，经过测量，华华的身高是 1.39 m，而明明的身高是 1.41 m，华华非常高兴，这下可以省下很多钱当零花钱了，而明明这次却为自己的身高感到沮丧。

编写程序，输入身高就可以得出门票优惠的金额并输出。

提示：优惠的金额=原来的门票金额×(1−优惠的折扣)，已知原来的门票为 100 元，身高在 1.4 m 以上的游客可以节省的金额为 100×(1−0.9)，1.4 m 及以下的游客可以节省的金额为 100×(1−0.5)。因为只有这两种情况，所以此处使用 if-else 语句。

程序如下：

```
price=100
height=float(input("请输入身高（米）："))
if  height<=1.4:
   save=price*(1-0.5)
else :
   save=price*(1-0.9)
print("优惠的金额（元）：",save)
```

程序执行后的结果如下：

```
>>>
请输入身高（米）：1.39
优惠的金额（元）：50.0
```

3.2.3 多分支结构：if-elif-else 语句

Python 用 if-elif-else 描述多分支结构，语句格式如下：

```
if<条件 1>
    <语句块 1>
elif <条件 2>:
    <语句块 2>
…
else:
    <语句块 N>
```

多分支结构的控制流程图如图 3.3 所示。

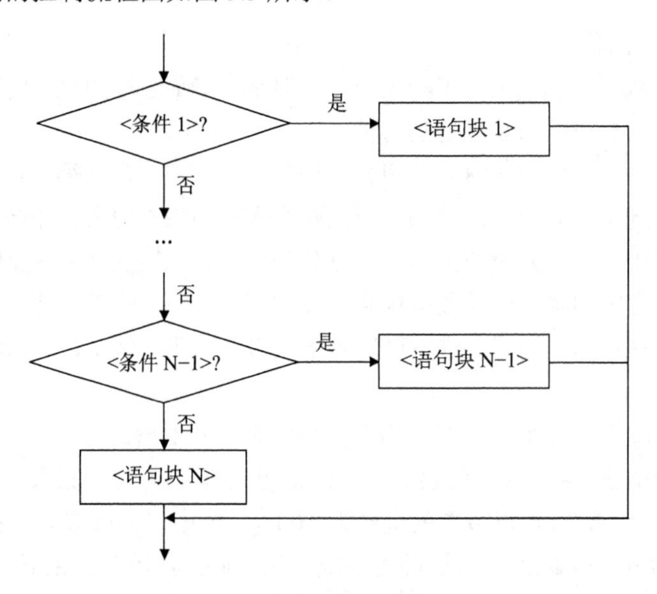

图 3.3 多分支结构的控制流程图

多分支结构是双分支结构的扩展，这种形式通常用于设置同一个判断条件的多条执行路径。Python 依次评估寻找第一个结果为 True 的条件，执行该条件下的语句块，结束后跳过整个 if-elif-else 结构，执行后面的语句。如果没有任何条件成立，else 下面的语句块将被执行。else 子句是可选的。

例 3.3 PM2.5 空气质量提醒。

空气污染是大家比较关注的问题，PM2.5 的值是衡量空气污染程度的重要指标。PM2.5 是指大气中直径小于或等于 2.5 μm 的可入肺颗粒物。PM2.5 颗粒粒径小，含大量有毒、有害物质且在大气中停留时间长、输送距离远，因而对人体健康和大气环境质量有很大影响。目前简化版的空气质量标准采用三级模式：小于 35 为优，35～75 为良，75 以上为污染。

编写程序，输入 PM2.5 的值，分级发布空气质量提醒。

提示：简化版的空气质量标准有 3 种情况：如果 PM2.5 值＜35，打印“空气优，适合户外运动！”，如果 35≤PM2.5 值＜75，打印“空气良，适度户外运动！”，如果 PM2.5 值≥75，打印“空气污染，请注意防护！”。因为有 3 种情况，所以需要用 if-elif-else 结构。

程序如下：

```
PM=eval(input("请输入 PM2.5 值："))
if  0<=PM<35:
    print("空气优，适合户外运动！")
elif  35<=PM<75:
    print("空气良，适度户外运动！")
else:
    print("空气污染，请注意防护！")
```

程序执行后的结果如下：

```
>>>
请输入 PM2.5 值：20
空气优，适合户外运动！
```

3.3　循 环 结 构

在 Python 中，要让计算机重复执行指定的操作，就要学会使用循环结构。循环结构是满足一个指定的条件，每次使用不同的数据对算法中的计算或处理步骤完全相同的部分重复计算若干次的算法结构，也称为重复结构。在 Python 中使用 for 语句和 while 语句实现循环结构。

根据循环执行次数的确定性，循环可以分为确定次数循环和非确定次数循环。确定次数循环指循环体对循环次数有明确的定义，这类循环在 Python 中被称为“遍历循环”，其中，循环次数采用遍历结构中的元素个数来体现，具体采用 for 语句实现。非确定次数循环指程序不确定循环体可能的执行次数，因此通过条件判断是否继续执行循环体。Python 提供了根据判断条件执行程序的无限循环，采用 while 语句实现。

3.3.1　遍历循环：for 语句

Python 通过保留字 for 实现遍历循环，基本语法格式如下：

```
for <循环变量> in <遍历结构>:
    <语句块>
```

之所以称为遍历循环，是因为 for 语句的循环执行次数是根据遍历结构中的元素个数确定的。遍历循环可以理解为从遍历结构中逐一提取元素，放在循环变量中，对于所提取的每个元素执行一次语句块。

遍历结构可以是字符串、文件、组合数据类型或 range()函数等。

遍历循环还有一种扩展模式，语法格式如下：

```
for  <循环变量> in <遍历结构>:
    <语句块 1>
else:
    <语句块 2>
```

在这种扩展模式中，当 for 循环正常执行之后，程序会继续执行 else 语句中的内容。else 语句只在循环正常执行并结束后才执行，因此，可以在<语句块 2>中放置判断循环执行情况的语句，例如：

```
for s in "BIT":
    print("循环进行中："+s)
else:
    s="循环正常结束"
print(s)
```

程序执行后的结果如下：

```
>>>
循环进行中：B
循环进行中：I
循环进行中：T
循环正常结束
```

使用 for 循环遍历一个自增的序列时需要结合 range()函数来实现。range()函数能快速构造一个等差序列。range(start, stop)会生成一个左闭右开的数值区间[start, stop)，序列中相邻两个整数的差为 1。

使用 range()函数生成一个 0～4 的整数序列的方法是 range(0, 5)，当起始数值从 0 开始时，也可以使用 range(5)来生成。使用 for 循环可以遍历 range()函数生成的整数序列。

for 循环根据 range()产生的序列来进行循环操作，分为以下几种情况。

1．含有 start、end、step 值

具体语法格式如下：

```
for <循环变量> in range(start, stop, step):
    <语句块>
```

不写 start 时，start=0；不写 step 时，step=1。如果 step＞0，那么循环变量会从 start 开始增加，沿正方向变化，直到 start 等于或者超过 stop 后循环停止。如果一开始就有 start≥stop，则已满足停止条件，循环一次也不执行。如果 step＜0，那么循环变量会从

start 开始减少，沿负方向变化，直到 start 等于或者超过 stop 后循环停止。如果一开始就有 start≤stop，则已满足停止条件，循环一次也不执行。

2. 只有 stop 值

具体语法格式如下：

```
for  <循环变量> in range(stop):
        <语句块>
```

循环变量的值从 0 开始，按 step=1 的步长增加，一直逼近 stop，但不等于 stop，直到 stop 的前一个值（就是 stop−1）停止。

3. 只有 start、stop 值

具体语法格式如下：

```
for  <循环变量> in range (start,stop):
        <语句块>
```

如果 stop＜start，则不执行代码。如果 stop≥start，循环变量的值从 start 开始，按 step=1 的步长增加，一直逼近 stop，但不等于 stop，直到 stop 的前一个值（就是 stop−1）停止。

例 3.4　老狼老狼几点了。

“老狼老狼几点了”是个很有趣的儿童游戏，华华和明明在玩这个游戏期间出现了一段有意思的对话：

```
老狼老狼几点了？1 点了。
老狼老狼几点了？2 点了。
老狼老狼几点了？3 点了。
老狼老狼几点了？4 点了。
…
老狼老狼几点了？11 点了。
老狼老狼几点了？12 点了。
狼来了，快跑！
```

观察这段对话的特点，编写一个程序，快捷地输出这段对话。

提示：只运用 print()函数显然无法做到快捷输出。仔细观察这段对话可以发现，除了最后一句，每次对话只有时间在改变，其余内容都没有变。如果把每句话中的时间数字当成一个变量，用 t 表示，那么每次对话就变得完全一样，这样只需设置好时间变量 t 的变化规律和次数，重复输出 12 次相同的语句就可以了。

程序如下：

```
t=0
for  t  in  range(12):
```

```
    t=t+1
    print("老狼老狼几点了？",t,"点了")
print("狼来了，快跑！")
```

程序执行后的结果如下：

```
>>>
老狼老狼几点了？ 1 点了
老狼老狼几点了？ 2 点了
老狼老狼几点了？ 3 点了
老狼老狼几点了？ 4 点了
老狼老狼几点了？ 5 点了
老狼老狼几点了？ 6 点了
老狼老狼几点了？ 7 点了
老狼老狼几点了？ 8 点了
老狼老狼几点了？ 9 点了
老狼老狼几点了？ 10 点了
老狼老狼几点了？ 11 点了
老狼老狼几点了？ 12 点了
狼来了，快跑！
```

3.3.2 无限循环：while 语句

很多应用无法在执行之初确定遍历结构，这需要编程语言提供根据条件进行循环的语法，称为无限循环，又称条件循环。无限循环一直保持循环操作直到循环条件不满足才结束，不需要提前确定循环次数。

Python 通过保留字 while 实现无限循环，基本语法格式如下：

```
while  <条件>:
       <语句块>
```

其中，条件与 if 语句中的判断条件一样，结果为 True 和 False。

while 语义很简单，当条件判断为 True 时，循环体重复执行语句块中的语句；当条件为 False 时，循环终止，执行与 while 同级别缩进的后续语句。

无限循环也有一种使用保留字 else 的扩展模式，语法格式如下：

```
while <条件>:
      <语句块 1>
else:
      <语句块 2>
```

在这种扩展模式中，当 while 循环正常执行后，程序会继续执行 else 语句中的内容。else 语句只在循环正常执行后才执行，因此，可以在语句块 2 中放置判断循环执行情况的语句。例如：

```
s, idx = "BIT",0
while idx < len(s):
      print("循环进行中："+s[idx1])
      idx +=1
else:
      s="循环正常结束"
print(s)
```

程序执行后的结果如下：

```
>>>
循环进行中：B
循环进行中：I
循环进行中：T
循环正常结束
```

如果通过 while 实现一个计数循环，需要在循环之前对计数器 idx 进行初始化，并在每次循环中对计数器 idx 进行累加，如上述代码第 4 行。对比一下，在 for 循环中循环变量逐一取自遍历结构，不需要程序维护计数器。

例 3.5　称心如意的输入。

考试后老师需要把每个学生的成绩输入计算机中进行分析处理，但有时会输入错误的数字，比如当满分为 100 分时，输入了小于 0 或者大于 100 的数，显然是错误的，因此希望计算机能给出提示，让老师及时地改正错误。

编写程序，当输入的成绩小于 0 或者大于 100 时会提示重新输入，直到输入正确为止。

提示：如果输入的成绩不在正常的成绩范围内，就要一直输入，直到输入的成绩符合要求。for 循环因为有循环区间，所以不适合解决这类问题；而 while 循环可以实现一直循环，直到条件不成立时停止，因此这里使用 while 循环来解决这个问题。

程序如下：

```
cj=input("请输入学生成绩：")
cj=float(cj)
while cj<0 or cj>100:
     cj=float(input("输入有误，请重新输入："))
print("输入正确！")
```

程序执行后的结果如下：

```
>>>
请输入学生成绩：120
输入有误，请重新输入：-50
输入有误，请重新输入：222
输入有误，请重新输入：88
输入正确！
```

3.3.3 循环结构的嵌套

一个循环语句的循环体也可以是另一个循环语句，内层循环语句的循环体还可以是一个循环语句。这种一个循环结构的循环体内包含另一个或多个循环语句的结构被称为嵌套循环，也称为多重循环。其嵌套层数视问题复杂程度而定。while 语句和 for 语句可以嵌套自身语句结构，也可以相互嵌套，从而呈现各种复杂的形式。

例 3.6 九九乘法表。

乘法口诀又叫九九乘法表，小学生学习的乘法口诀是从“一一得一”开始的，那为什么不叫一一乘法表而叫九九乘法表呢？是因为古人背诵乘法口诀是从“九九”开始的，所以古人用“九九”作为口诀表的名称，称为“九九乘法表”。

编写程序，按照九九乘法表的格式将九九乘法表打印出来。

提示：乘法口诀中的算式由两个相乘的数字和结果组成，只执行一次循环显然无法实现目标，这时就需要用到循环嵌套。循环嵌套通俗地讲就是一个循环中包含另一个循环，本书把外层的循环称为外循环，内层的循环称为内循环。

首先分析外循环，乘法口诀是从 1 开始一直到 9，一共要执行 9 次，即 for i in range(1,10)，意思就是把 1、2、3、4、5、6、7、8、9 依次赋给 i。

再来分析内循环，根据乘法口诀表的排列方式可以发现，如果以每一个横排为一个内循环，外循环执行第 1 次时，内循环执行 1 次；外循环执行第 2 次时，内循环执行 2 次；外循环执行第 3 次时，内循环执行 3 次，以此类推；外循环执行第 9 次时，内循环执行 9 次，即 for j in range(1, i +1)。这样内循环和外循环就可以确定了。需要注意的是，每执行一次内循环需要换行才能形成九九乘法表的格式。

程序如下：

```
for i in range(1,10):
    for j in range(1,i+1):
        print(i,"*",j,"=",i*j,"   ",end=" ")
    print(" ")
```

程序执行后的结果如下：

```
>>>
1*1=1
1*2=2   2*2=4
1*3=3   2*3=6   3*3=9
1*4=4   2*4=8   3*4=12  4*4=16
1*5=5   2*5=10  3*5=15  4*5=20  5*5=25
1*6=6   2*6=12  3*6=18  4*6=24  5*6=30  6*6=36
1*7=7   2*7=14  3*7=21  4*7=28  5*7=35  6*7=42  7*7=49
1*8=8   2*8=16  3*8=24  4*8=32  5*8=40  6*8=48  7*8=56  8*8=64
1*9=9   2*9=18  3*9=27  4*9=36  5*9=45  6*9=54  7*9=63  8*9=72  9*9=81
```

3.3.4 跳转语句

在实际开发中，经常会有改变循环流程的需求。也就是说，循环语句并不一定按循环条件完成所有内容的遍历，有时需要提前终止循环或者提前结束本轮循环的执行（并不终止循环语句的执行）。为了达到这种效果，需要使用跳转语句：break 语句和 continue 语句。

break 语句用来跳出最内层 for 或 while 循环，脱离该循环后程序从循环代码后继续执行，例如：

```
for s in "BIT":
    for i in range(10):
        print(s,end=" ")
        if s=="I":
            break
```

其中，break 语句跳出了最内层 for 循环，但仍然执行外层循环。每个 break 语句只有能力跳出当前层次的循环。

程序执行后的结果如下：

```
>>>
BBBBBBBBBBITTTTTTTTTT
```

continue 语句用来结束当前当次循环，即跳出循环体中下面尚未执行的语句，但不跳出当前循环。对于 while 循环，继续求解循环条件。而对于 for 循环，程序流程接着遍历循环列表。对比 continue 和 break 语句，如下：

```
for s in "PYTHON":          for s in "PYTHON":
        if s=="T":          if s=="T":
        continue            break
print(s, end=" ")           print(s,end="")
```

两个程序执行后的结果分别如下：

```
>>>                    >>>
PYHON                 PY
```

continue 语句和 break 语句的区别是，continue 语句只结束本次循环，而不终止整个循环的执行；而 break 语句则是结束整个循环过程，不再判断执行循环的条件是否成立。

例 3.7 密码功能的实现。

编写程序，实现密码的功能，只有密码输入正确才能结束程序。

提示：如果密码输入不正确，会提示用户一直输入，这时就会形成一个无限循环，只有当密码输入正确时，程序才能结束。因此，需要在循环中添加一个条件判断语句，在判断得到正确的密码后，利用 break 语句终止循环。

程序如下：

```
mm=input("请输入密码：")
```

```
while  True:
    if  mm=="123456":
        break
    mm=input("密码错误，请重新输入：")
print("密码正确！")
```

程序执行后的结果如下：

```
>>>
请输入密码：845762
密码错误，请重新输入：45621
密码错误，请重新输入：9647823
密码错误，请重新输入：689239
密码错误，请重新输入：123456
密码正确!
```

例 3.8 吉祥数字。

在如今的社会，人们比较偏爱的吉祥数字是“6”和“8”，认为不吉利的数字是“4”，既然“4”被认为不吉利，是否可以用程序把 100 以内包含 4 的数字过滤掉后输出呢？

编写程序，输出 100 以内不包含数字 4 的所有正整数。

提示：100 以内的正整数是两位数或一位数，4 要么在个位，要么在十位。个位上的数字可以用这个数除以 10 取余得到；十位上的数字可以用这个数除以 10 取整得到。找出所有数字后，利用循环进行筛选输出，遇见包含 4 的正整数时，利用 continue 语句跳过本次循环，不执行输出语句直接进行下一个数字的检测，这样就可以得到 100 以内所有不包含 4 的数字。

程序如下：

```
for  i  in  range(1,100):
     if  i%10==4  or  i//10==4:
       continue
     print(i)
```

3.4 应 用 实 例

例 3.9 体重指数（body mass index，BMI）。

随着人民生活水平的提高，越来越多的人开始关注“身体质量”。其中，肥胖程度最受关注。BMI 是国际上常用的衡量人体肥胖程度和是否健康的重要标准，主要用于统计分析。肥胖程度的判断不能采用体重的绝对值，它显然与身高有关。因此，BMI 通过人体体重和身高两个数值获得相对客观的参数，并用这个参数所处范围衡量身体质量。

BMI 的定义如下：

$$\text{BMI}=\text{体重（kg）}/\text{身高}^2\text{（m}^2\text{）}$$

例如，一个人身高 1.75 m、体重 75 kg，那么他的 BMI 值为 24.49。

BMI 值可以客观地衡量人的肥胖程度或健康程度。BMI 指标分类如表 3.2 所示。

表 3.2　BMI 指标分类　　单位：kg/m²

分类	国际 BMI 值	国内 BMI 值
偏瘦	＜18.5	＜18.5
正常	18.5～25	18.5～24
偏胖	25～30	24～28
肥胖	≥30	≥28

编写程序，输入一个人的身高和体重计算出 BMI 值，并输出国际和国内的 BMI 指标所代表的胖瘦程度。

提示：首先通过输入接收身高和体重这两个数据，再根据公式用这两个数据求出 BMI 值，然后对 BMI 值进行判断。由于数据区域很多，if-else 语句很难解决这种多分支的问题，这时就需要使用 if-elif-else 语句。对于需要同时打印国际和国内两套 BMI 标准，程序可以采用两个 if-elif-else 语句分别计算不同的 BMI 值。

程序如下：

```
height=float(input("输入身高（m）："))
weight=float(input("输入体重（kg）："))
BMI=weight/(height*height)
print("BMI 值为：{：.2f}".format(BMI))
who,dom="",""
if   BMI<18.5:   # WHO 标准
    who="偏瘦"
elif  BMI<25:
     who="正常"
elif  BMI<30:
     who="偏胖"
else:
     who="肥胖"
if   BMI<18.5:   # 国内标准
    dom="偏瘦"
elif  BMI<24:
     dom ="正常"
elif  BMI<28:
     dom ="偏胖"
else:
     dom ="肥胖"
print("BMI 指标为：国际'{0}',国内'{1}'".format(who,dom))
```

程序执行后的结果如下：

```
>>>
输入身高（m）：1.75
```

```
输入体重（kg）：75
BMI 数值为：24.49
BMI 指标为：国际'正常',国内'偏胖'
```

例 3.10 累加求和。

计算 s=a+aa+aaa+…+a…a 的和，其中 a 为[1,9]的一个整数，最后一项有 n 个 a，a 与 n 由键盘输入。

提示：设计一个加数变量 m，开始 m=0，之后 m=10*m+a 就是 a，再次 m=10*m+a 就是 aa，以此类推，从而产生每个加数，累加到 s 中就可以了。

程序如下：

```
a=0
while  a<=0  or  a>=10:
    a= int(input("输入 1~9 中的数字："))
n=0
while  n<=0:
    n=int(input("输入 n："))
m=0
s=0
for  i  in  range(1,n+1):
    m=10*m+a
    s=s+m
    if  i<n:
        print(m,end="+")
    else:
        print(m,end="=")
print(s)
```

程序执行后的结果如下：

```
>>>
输入 1~9 中的数字：5
输入 n：6
5+55+555+5555+55555+555555=617280
```

思　考　题

1．猜数游戏。在程序中预设一个 0～9 的整数，让用户通过键盘输入所猜的数，如果大于预设的数，显示“太大了”；如果小于预设的数，显示“太小了”，如此循环，直至猜中该数，显示“第 N 次，你猜中了！”，其中 N 是用户输入数字的次数（根据实际情况，N 可另行定义）。

2．课程成绩与积点制和五分制的对应关系如表 3.3 所示。编写一个程序，计算 5 门已学课程的平均成绩，然后用 if 语句执行 print 命令计算出读者积点制和五分制的分数分别是多少。

表 3.3　课程成绩与积点制和五分制的对应关系

<table>
<tr><th>百分制</th><th>积点制</th><th>五分制</th></tr>
<tr><td>95～100</td><td rowspan="2">4.0</td><td rowspan="3">优</td></tr>
<tr><td>90～94</td></tr>
<tr><td>85～89</td><td>3.7</td></tr>
<tr><td>82～84</td><td>3.3</td><td rowspan="3">良</td></tr>
<tr><td>78～81</td><td>3.0</td></tr>
<tr><td>75～77</td><td>2.7</td></tr>
<tr><td>72～74</td><td>2.3</td><td rowspan="3">中</td></tr>
<tr><td>68～71</td><td>2.0</td></tr>
<tr><td>64～67</td><td>1.5</td></tr>
<tr><td>60～63</td><td>1.0</td><td>及格</td></tr>
<tr><td>60 以下</td><td>0</td><td>不及格</td></tr>
</table>

3．使用 while 循环输出 1+2+3+4+5+…+100 的和。

4．使用 for 循环和 range()函数输出 1−2+3−4+5−6+…−98+99 的和。

5．使用嵌套循环输出 10～50 的数字中个位带有 1～5 的所有数字。

第 4 章　存储自动化

在编程语言中，“字符串”表示单词、文本行或任意字符的组合。字符串广泛用于处理文本文档和文本文件，作为对用户的提示和程序报告的错误消息，以及作为数据记录中的元素（如学生的姓名、地址等）。

“列表”表示事物的列表。Python 中的列表可以包含数字、单词、字符串或任何其他对象（甚至其他列表），不同类型的对象可以混合在同一个列表中。

Python 以统一的方式处理字符串和列表：作为可迭代的“序列”。毕竟，字符串是字符的序列，列表是它的元素的序列。“序列”（更确切地说是“可迭代”对象）是一种结构，其中元素由整数编号，称为索引，并且读者可以从中按顺序请求它的元素：第一个、第二个、第三个等。Python 有一个特殊的 for ... in ...循环，它允许读者按顺序处理“序列”的所有元素。例如：

```
>>> lst = [2,5,8]
>>> for a in lst:
    print(a)
2
5
8
>>> x = 'hello'
>>> for b in x:
    print(b)
h
e
l
l
o
```

内置函数 len(x)返回 x 的长度，即字符串中的字符数，或列表中的元素数。

```
>>> len(x)
5
```

在本章中，本书将向读者展示如何访问字符串中的单个字符和“切片”，以及列表中的元素和“切片”。

4.1　索引、切片和 in 运算符

4.1.1　索引

字符串中的字符和列表的元素按整数编号，可以通过编号来获得具体的元素。字符

和元素的编号称为它的“索引”。如果 s 是“序列”，则 s[i]指的是索引为 i 的元素。在 Python（或 C、C++及大多数其他编程语言）中，编号从 0 开始，s[0]指的是序列的第一个元素。

索引可以取负值，表示从末尾提取，s[-1]表示最后一个，s[-2]表示倒数第二个，即程序认为可以从结束处反向计数。

```
#字符串可以直接使用索引，不需要专门的变量引用

>>> 'Hello World!'[1]
'e'
>>> 'Hello World!'[-6]
'W'

#注意以下情况会出现越界

>>> 'Hello World!'[12]
Traceback (most recent call last):
  File "<stdin>", line 1, in <module>
IndexError: string index out of range
>>> 'Hello World!'[-12]
'H'
>>> 'Hello World!'[-13]
Traceback (most recent call last):
  File "<stdin>", line 1, in <module>
IndexError: string index out of range
```

负数索引与正数索引之间存在一个规律：当正数索引+负数索引的绝对值=元素的个数时，它们所指的是同一个元素。

```
# “Hello World!”总共有 12 个元素，含空格和标点符号

print('Hello World!'[7])    # o
print('Hello World!'[-5])   # o
```

4.1.2 切片

Python 还允许读者创建序列的“切片”——字符串的“子字符串”或列表中连续的元素块。切片 x[m:n]是由项 x[m],x[m+1],…,x[n-1]组成的新序列。请注意，不包括 x[n]。例如：

```
>>> proverb = ['Generosity','is','its','own','form','of','power']
>>> proverb[2:5]
['its', 'own', 'form']
>>> x = 'generosity'
```

```
>>> x[0:5]
'gener'
```

切片 x[m:n]具有(n−m)个元素，只要 0≤m≤n≤len(x)。

可以省略 x[m:n]中的第一个或第二个索引，那样它会采用默认值：第一个索引为 0，第二个索引为 len(x)。例如：

```
>>> x = 'generosity'
>>> x[:5]     # 等同于 x[0:5]
'gener'
>>> x[5:]     # 等同于 x[5:len(s)]
'osity'
```

x[:]创建 x 的副本。

读者可以向切片添加第三个参数：“步长”。例如，x[: : 2]将每隔 1 个元素取一次元素。

```
>>> proverb = ['Generosity','is','its','own','form','of','power']
>>> proverb[ : : 2]
['Generosity', 'its', 'form', 'power']
>>> x = 'generosity'
>>> x[1: : 2]
'eeoiy'
```

负步长意味着向后遍历序列。特别是，x[: : -1]反转了 x。

例如：

```
>>> x = 'generosity'
>>> sec_x = x[: : -1]
>>> sec_x
'ytisoreneg'
```

4.1.3 in 运算符

in 是一个与可迭代对象一起使用的“逻辑运算符”。（回想一下，关键字 in 也可以与 for 一起使用。）

如果 a 是字符串 x 中的字符或子字符串，或者 a 是列表 x 的元素，则 a in x 给出 True，a not in x 表示 a 不在 x 中。（用户不能用 in 确定“子列表”是否为列表的一部分。）

4.2 字 符 串

4.2.1 字符串的定义

字符串是 Python 中最常用的数据类型。读者可以使用引号（'或"）来创建字符串。创建字符串很简单，只要为变量分配一个值即可。例如：

```
>>> a = 'Hello World!'
>>> b = "Python Runoob"
```

字符串是引号中的字符序列。除了单引号和双引号，还有三引号，如'''Welcome'''或"""Welcome"""。Python 中三引号可以为复杂的字符串赋值。三引号允许一个字符串跨多行，字符串中可以包含换行符、制表符以及其他特殊字符。三引号的语法是三重连续的单引号或者双引号（通常都是成对的）。

对于字符串，本书将主要使用单引号，这在 Python 中是常用的，除非字符串本身包含单引号，如"It's Peter's ball"。本书还将使用三重双引号作为文档字符串。

Python 使用 Unicode 来表示字符串。Unicode 字符串用两个字节表示每个字符。它最多可以编码 65000 个字符，足以编码世界上大多数语言和许多特殊字符的字母表。

在 Python 中定义一个 Unicode 字符串和定义一个普通字符串一样简单：

```
>>> u'Hello World !'
u'Hello World !'
```

引号前小写的"u"表示这里创建的是一个 Unicode 字符串。如果读者想加入一个特殊字符，可以使用 Python 的 Unicode-Escape 编码，如下例所示：

```
>>> u'Hello\u0020World !'
u'Hello World !'
```

被替换的\u0020 标识表示在给定位置插入编码值为 0x0020 的 Unicode 字符（空格符）。

需要在字符中使用特殊字符时，Python 用反斜杠\转义字符。

4.2.2　字符串的操作函数

在 Python 中，许多帮助用户操作字符串的函数都是以面向对象编程的方式实现的。在面向对象编程中，函数被称为“方法”，它们被视为附在单个对象上。

调用方法的语法是不同的：本书写成 s. somefun()，而不写成 somefun(s)，somefun(s, x)变为 s.somefun(x)。这强调了一个事实，即方法的第一个参数是特殊的：它是调用其方法的对象。例如：

```
>>> s = 'asdfghjk'
>>> s.upper()
'ASDFGHJK'
```

1. len()函数

len()函数的作用是返回一个字符串的长度，也可以返回其他组合数据类型的元素个数。例如：

```
>>> s1 = 'Peter'
>>> s2 = '见到读者很高兴'
```

```
>>> s = s1+s2
>>> print(s,len(s))
Peter 见到读者很高兴 12
```

2. ord()函数

ord()函数的作用是返回对应的ASCII值。例如：

```
>>> ord ('a')
97

>>> ord ('b')
98
```

3. chr()函数

chr()函数的作用是表示ASCII值对应的字符，其参数可以是十进制数，也可以是十六进制数。例如：

```
>>> chr(0x70)
'p'
>>> chr(70)
'F'
```

4. str()函数

str()函数的作用是将元素转换为字符串。例如：

```
>>> str(258)
'258'
>>> str(258.999)
'258.999'
>>> str(258e+3)
'258000.0'
```

5. hex()函数

hex()函数的作用是将十进制整数转换成十六进制整数，并以字符串形式表示。例如：

```
>>> hex(255)
'0xff'
>>> hex(-85)
'-0x55'
>>> hex(13)
'0xd'
```

6. oct()函数

oct()函数的作用是返回整数 x 对应八进制数的小写形式，以字符串形式表示。例如：

```
>>> oct(23)
'0o27'
>>> oct(47)
'0o57'
>>> oct(12)
'0o14'
```

4.3　列表和元组

4.3.1　列表

在 Python 中，列表用方括号编写，元素用逗号分隔。列表可以将不同类型的元素混合在一起。例如：

```
[5, 'abcdefg', 4.12]
```

索引、切片和 len 方法以及 in 运算符的工作方式与处理字符串时相同。

lst[:]返回 lst 的副本。它与 lst[0:len(lst)]，或 lst[0:]，或 lst[:len(lst)]相同。

内置函数 min(lst)和 max(lst)分别返回列表 lst 中的最小元素和最大元素。要使 min 和 max 能工作，lst 的所有元素必须能相互比较。什么更小、什么更大取决于对象的类型。例如，字符串按字母顺序排序，但所有大写字母都比所有小写字母“小”。

注意：不要使用 max 和 min 作为变量的名称。

+运算符用于连接两个列表。例如：

```
>>> [9,8,7]+[6,5]
[9, 8, 7, 6, 5]
>>> lst = [9,8,7]+6
...
TypeError: can only concatenate list(not "int") to list
```

用户需要：

```
>>> lst = [9,8,7]+[6]
```

或

```
>>> lst.append(5)
```

Python 还有一个内置函数 list(s)，它将序列（如字符串）转换为列表并返回该列表。例如：

```
>>> list('789')
['7', '8', '9']
```

注意：不要将名称 list 用于变量。

列表不是不可变，但只可以更改它的方法。

有一些方法可以向列表追加元素、从中删除元素、查找给定值、反转列表以及对列表进行排序（按顺序排列它的元素）。例如：

```
>>> lst = [3,6,9]
>>> lst
[3, 6, 9]
>>> lst.append(1)
>>> lst
[3, 6, 9, 1]
>>> lst.reverse()
>>> lst
[1, 9, 6, 3]
>>> lst.sort()
>>> lst
[1, 3, 6, 9]
>>> lst.sort(reverse=True)
>>> lst
[9, 6, 3, 1]
```

用户还可以为列表分配新值。例如：

```
>>> lst = [1,2,3,4,5]
>>> lst[3] = 8
>>> lst
[1, 2, 3, 8, 5]
```

lst.index(x)方法返回 lst 中第一个元素的索引，该索引等于 x。当 x 不在 lst 中时，此方法会引发异常。因此，需要先检查 x 是否在 lst 中：

```
if x in lst:
i = lst.index(x)
else:
        ...
```

字符串也有一个名为 index 的方法。与 lst.index(x)一样，当找不到目标时，字符串的 index(x)会引发异常。所以通常最好使用 find()方法，当找不到目标时返回−1。列表没有 find()方法。

语句 del lst[i]从 lst 中删除 lst[i]。用户还可以删除切片：del lst[i:j]。例如：

```
>>> proverb = ['Generosity','is','its','own','form','of','power']
>>> del proverb[1:4]
>>> proverb
 ['Generosity', 'form', 'of', 'power']
```

4.3.2　元组

正如本书之前所述，列表不是不可变的：列表包含添加和删除元素等方法。元组是表示不可变列表的对象。将元素放在括号中，用逗号分隔它们，从而写出元组，如(3,4,5)。要创建仅包含一个元素的元组，可在该值后使用逗号，以便将元组与括号中的数字区分开来。例如：

```
>>> y = (0,)
```

索引、切片、+、in 和 not in 运算符、len()，它们处理元组的工作方式与列表相同，但元组除 count()和 index()外没有其他方法。当读者需要创建一个列表的集合时，元组很方便，因为集合只能容纳不可变对象。

如果列表的元素按值的顺序排列，就可以说该列表是“有序的”。

排序是一种常见的操作。例如，如果用户有两个邮件列表，希望将它们合并为一个并消除重复记录，那么最好先对每个列表进行排序。Python 提供了内置函数 sorted()，该函数应用于可迭代序列 s，返回一个列表，s 中的所有元素按升序（递增顺序）排列。列表还有一个方法 sort()，按升序对列表进行排序。当给定可选参数 reverse=True 时，sorted()和 sort()将按降序（递减顺序）排列元素。例如：

```
>>> num = [5,12,3,34]
>>> num.sort(reverse=True)
>>> num
[34, 12, 5, 3]
```

4.4　字　　典

Python 中的字典（dictionary）建立了一组键和一组值之间的对应关系（见图 4.1），每个键只有一个值与之对应。在数学术语中，字典就像一组键上的函数。实际上，字典可以让读者快速查找与给定键相关联的值（对象、数据记录、文本段）。例如，在纳税人的数据库中，键可以是纳税人的社会安全号码，而纳税人的记录可以是相关联的值。在邮政编码查找程序中，键可以是邮政编码，而该邮政编码的城市或城镇的名称将是相关联的值。字典是另一种可变容器模型，并且可存储任意类型的对象。

字典的每个键值对（key-value）用冒号（:）分隔，每对之间用逗号（,）分隔，整个字典包括在花括号{ }中，格式如下：

```
d = {key1 : value1, key2 : value2, key3 : value3 }
```

键必须是唯一的，但值不必。

值可以取任何数据类型，但键必须是不可变的，如字符串、数字。

示例：

```
tinydict = {'name': 'runoob', 'likes': 123, 'url': 'www.runoob.com'}
```

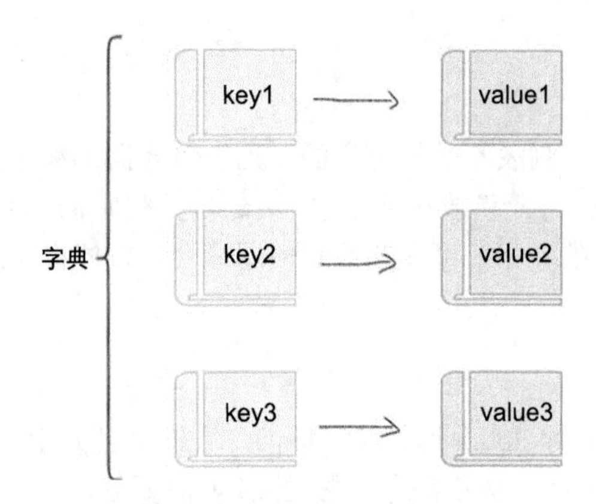

图 4.1　字典每个键的对应关系

示例中各数据与键、值的对应情况如图 4.2 所示。

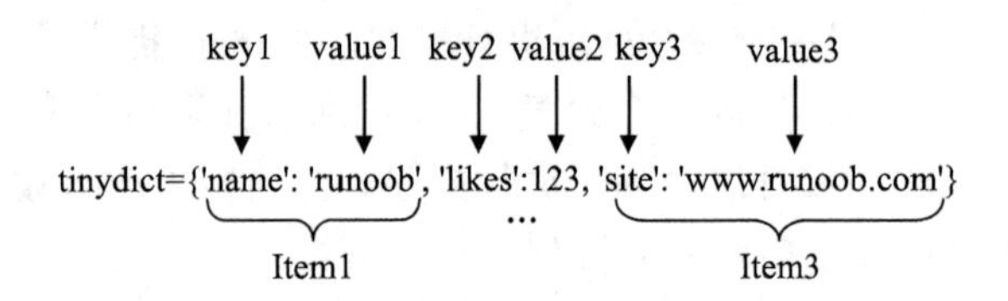

图 4.2　示例中各数据与键、值的对应情况

也可如此创建字典：

```
dict1 = {'abc': 123}
dict2 = {'abc': 456, def: 789}
```

定义字典后，读者可以使用键作为“索引”来引用它的值。例如：

```
>>> num['likes']
123
>>> dict2 ['def']
789
```

注意：'def'在这里是一个字符串，而不是 def 函数。

就像使用列表一样，利用带括号的语法来获取或修改与键相关联的值。如果 k 不在 d 中，则 d[k] = x 将(k, x)对添加到 d 中。

d = { }使 d 成为一个空字典。

将字典的键视为一个集合 set（尽管严格来说，它的类型是 dict_ keys）。

len(d)返回 d 中键值对的数量。如果 k 是 d 中的有效键，则 k in d 为 True，del d[k]可以从 d 中删除 k 和与之相关联的值。

注意：与键相关联的值可以是列表、元组、集合等任何对象。

例如：

```
>>> dict = {
'bwm':['Alice', 'Beth', 'Cecil'],
'cbd':['quick', 'below', 'soon']
}
>>> print(dict['bwm'])
```

输出如下：

```
[Alice, Beth, Cecil]
```

set(d)和 list(d)分别返回 d 中所有键的集合和列表。
set(d.values())和 list(d.values())分别返回 d 中所有值的集合和列表。
set(d.items())和 list(d.items())分别返回 d 中所有(key, value) 对的集合和列表。
Python 字典包含的内置函数和方法分别如表 4.1 和表 4.2 所示。

表 4.1　Python 字典包含的内置函数

序号	函数	描述	实例

1	len(dict)	计算字典元素个数，即键的总数	>>> dict = {'Name': 'Runoob', 'Age': 7, 'Class': 'First'}
			>>> len(dict)
			3

2	str(dict)	输出字典，以可打印的字符串表示	>>> dict = {'Name': 'Runoob', 'Age': 7, 'Class': 'First'}
			>>> str(dict)
			"{'Name': 'Runoob', 'Class': 'First', 'Age': 7}"

3	type(variable)	返回输入的变量类型，如果变量是字典就返回字典类型	>>> dict = {'Name': 'Runoob', 'Age': 7, 'Class': 'First'}
			>>> type(dict)
			<class 'dict'>

表 4.2　Python 字典包含的内置方法

序号	函数	描述
1	radiansdict.clear()	删除字典内所有元素
2	radiansdict.copy()	返回一个字典的浅复制
3	radiansdict.fromkeys()	创建一个新字典，以序列 seq 中的元素作字典的键，val 为字典所有键对应的初始值
4	radiansdict.get(key, default=None)	返回指定键的值，如果键不在字典中，返回 default 设置的默认值
5	key in dict	如果键在字典 dict 中，返回 True，否则返回 False
6	radiansdict.items()	以列表返回一个视图对象
7	radiansdict.keys()	返回一个视图对象
8	radiansdict.setdefault(key, default=None)	和 get()类似，但如果键不存在于字典中，将会添加键并将值设为 default
9	radiansdict.update(dict2)	把字典 dict2 的键/值对更新到 dict 里
10	radiansdict.values()	返回一个视图对象
11	pop(key[,default])	删除字典给定键 key 所对应的值，返回值为被删除的值。key 值必须给出，否则，返回 default 值
12	popitem()	随机返回并删除字典中的最后一对键和值

4.5 文　　件

“文件”是相关数据的集合，存储在计算机硬盘、记忆棒、其他数字设备、计算机可读介质或互联网的远程服务器上。文件可以存储文本文档、歌曲、图像、视频、程序的源代码等。计算机程序可以读取文件并创建新文件。

文件由它的名称和扩展名标识。扩展名通常标识文件的格式和目的。例如，在Birthdays.py中，扩展名.py表示该文件包含Python程序的源代码；而在graduation.jpg中，扩展名则表示graduation文件是格式为.jpg/.jpeg的图像。

通常，如果一个程序创建一个文件，则由该程序决定如何在文件中组织数据。但是有一些标准的文件格式，许多不同的程序都能读取。例如，扩展名为.mp3 的音乐文件、扩展名为.jpg的图像文件、扩展名为.docx的Word文档文件、扩展名为.htm或.html的网页文件等。

所有文件分为两大类：文本文件和二进制文件。文本文件包含文本行，由行尾标记分隔。文本文件中的字符使用一种标准编码进行编码，如ASCII或Unicode编码。行尾标记通常是换行符'\n'、回车符'\r'或它们的组合'\r \n'。扩展名为.txt、.html和.py的文件是文本文件。

二进制文件把对象内容以字节形式进行存储，无法用记事本或其他普通文本处理软件直接进行编辑，通常也无法直接阅读和理解，需要使用专门的软件进行解码后读取、显示、修改或执行。常见的如图形图像文件、音频视频文件、可执行文件、资源文件、各类数据库文件、各类Office文档等都属于二进制文件。

操作系统将文件组织到嵌套的文件夹（也称为“目录”）系统中，并允许用户移动、复制、重命名和删除文件。每个操作系统还为程序提供了读写文件的服务。编程语言通常包含用于处理文件的函数库。本书将只用Python的内置函数来读写文本文件。

4.5.1　打开和关闭文件

要在Python中打开文本文件，请使用内置函数open()。例如：

```
>>> f = open('file.txt')
```

或者，用户可以指定文件的“绝对路径名”。例如：

```
>>> f = open('C:/desktop/file.txt')
```

但是，不建议这样做，因为如果将该文件移动到其他文件夹，或将文件夹重命名，程序将停止工作。

完成文件处理后，必须通过调用f.close()来关闭文件。

当打开并读取文本文件时，Python会将它看成一系列的行。要读取下一行，可使用文件的 readline()方法。例如：

```
>>> f = open('file.txt')
>>> num = f.readline()
>>> num
'I like this book\n'
```

注意：Python 将换行符'\n'留在从文件读取的字符串中。如果文件中没有剩余行，则下一次调用 readline()将返回一个空字符串。

从文本文件中读取和处理所有行的一个简单的方法，就是使用 for 循环。例如：

```
for num in f:
...    # process num
```

不同模式打开文件的完全列表如表 4.3 所示。

表 4.3　读写模式的列表

模式	描述
t	文本模式（默认）
x	写模式，新建一个文件，如果该文件已存在则会报错
b	二进制模式
+	打开一个文件进行更新（可读可写）
U	通用换行模式（不推荐）
r	以只读方式打开文件。文件的指针将会放在文件的开头（默认模式）
rb	以二进制格式打开一个文件用于只读。文件指针将会放在文件的开头（默认模式）。一般用于非文本文件，如图片等
r+	打开一个文件用于读写。文件指针将会放在文件的开头
rb+	以二进制格式打开一个文件用于读写。文件指针将会放在文件的开头。一般用于非文本文件，如图片等
w	打开一个文件只用于写入。如果该文件已存在则打开文件，并从头开始编辑，即原有内容会被删除。如果该文件不存在，则创建一个新文件
wb	以二进制格式打开一个文件只用于写入。如果该文件已存在则打开文件，并从头开始编辑，即原有内容会被删除。如果该文件不存在，则创建一个新文件。一般用于非文本文件，如图片等
w+	打开一个文件用于读写。如果该文件已存在则打开文件，并从头开始编辑，即原有内容会被删除。如果该文件不存在，则创建一个新文件
wb+	以二进制格式打开一个文件用于读写。如果该文件已存在则打开文件，并从头开始编辑，即原有内容会被删除。如果该文件不存在，则创建一个新文件。一般用于非文本文件，如图片等
a	打开一个文件用于追加。如果该文件已存在，文件指针将会放在文件的结尾。也就是说，新的内容将会被写入已有内容之后。如果该文件不存在，则创建一个新文件进行写入
ab	以二进制格式打开一个文件用于追加。如果该文件已存在，文件指针将会放在文件的结尾。也就是说，新的内容将会被写入已有内容之后。如果该文件不存在，则创建一个新文件进行写入
a+	打开一个文件用于读写。如果该文件已存在，文件指针将会放在文件的结尾。文件打开时会是追加模式。如果该文件不存在，则创建一个新文件用于读写
ab+	以二进制格式打开一个文件用于追加。如果该文件已存在，文件指针将会放在文件的结尾。如果该文件不存在，则创建一个新文件用于读写

4.5.2 File 对象的属性

一个文件被打开后，用户会有一个 file 对象，可以得到有关该文件的各种信息。表 4.4 所示是与 file 对象相关的所有属性的列表。

表 4.4 file 对象属性的列表

属性	描述
file.closed	如果文件已被关闭，返回 True，否则返回 False
file.mode	返回被打开文件的访问模式
file.name	返回文件的名称
file.softspace	用 print 输出后，必须跟一个空格符，返回 False，否则返回 True

例如：

```
#!/usr/bin/python
# -*- coding: UTF-8 -*-

# 打开一个文件
f = open("file.txt", "w")
print "文件名: ", f.name
print "是否已关闭 : ", f.closed
print "访问模式 : ", f.mode
print "末尾是否强制加空格 : ", f.softspace
```

输出如下：

```
文件名: file.txt
是否已关闭 : False
访问模式 : w
末尾是否强制加空格 : 0
```

4.5.3 文件定位

tell()方法表示文件中指针的当前位置，换句话说，下一次的读写会发生在文件开头这么多字节之后。

seek(offset [,from])方法改变当前文件指针的位置。其中，offset 变量表示要移动的字节数。from 变量指定开始移动字节的参考位置。

如果 from 被设为 0，意味着将文件的开头作为移动字节的参考位置。如果 from 被设为 1，则使用当前的位置作为参考位置。如果 from 被设为 2，那么该文件的末尾将作为参考位置。

示例：

以本书前文创建的文件 file.txt 为例。

```
#!/usr/bin/python
# -*- coding: UTF-8 -*-

# 打开一个文件
f = open("file.txt", "r+")
str = f.read(10)
print "读取的字符串是 : ", str

# 查找当前位置
position = f.tell()
print "当前文件位置 : ", position

# 把指针再次重新定位到文件开头
position = f.seek(0, 0)
str = f.read(10)
print "重新读取字符串 : ", str
# 关闭打开的文件
f.close()
```

输出如下：

```
读取的字符串是 :  I like this book
当前文件位置 :  10
重新读取字符串 :  I like this book
```

4.5.4 Python 里的目录

所有文件都包含在各个不同的目录下，但 Python 可以轻松处理。os 模块有许多方法可以帮助用户创建、删除和更改目录。

1. mkdir()方法

os 模块的 mkdir()方法的作用是在当前目录下创建新的目录。用户需要提供一个包含要创建的目录名称的参数。

语法：

```
os.mkdir("file")
```

示例：

在当前目录下创建一个新目录 test。

```
#!/usr/bin/python
# -*- coding: UTF-8 -*-

import os
```

```
# 创建目录test
os.mkdir("test")
```

2. chdir()方法

chdir()方法的作用是改变当前的目录。chdir()方法需要的一个参数是被用户设成当前目录的目录名称。

语法：

```
os.chdir("file")
```

示例：

进入"/desktop/file"目录。

```
#!/usr/bin/python
# -*- coding: UTF-8 -*-

import os

# 将当前目录改为"/desktop/file"
os.chdir("/desktop/file")
```

3. getcwd()方法

getcwd()方法的作用是显示当前的工作目录。

语法：

```
os.getcwd()
```

示例：

给出当前目录。

```
#!/usr/bin/python
# -*- coding: UTF-8 -*-

import os

# 给出当前的目录
print os.getcwd()
```

4. rmdir()方法

rmdir()方法的作用是删除目录，目录名称以参数传递。

在删除这个目录之前，它的所有内容应该先被清除。

语法：

```
os.rmdir('dirname')
```

示例：

删除"/tmp/test"目录。必须给出完全合规的目录名称，否则会在当前目录下搜索该目录。

```
#!/usr/bin/python
# -*- coding: UTF-8 -*-

import os

# 删除"/tmp/test"目录
os.rmdir("/tmp/test")
```

4.6 应用实例

例 4.1　字符串匹配。

首先随机输入两个字符串，分别为原字符串和子串，要求返回子串在原字符串中首次出现的位置。例如，原字符串为“ABCDEFG”，子串为“DEF”，则返回 3。本实例同时用了两种方法进行索引搜索，并且比较了两种方法所用的时间。

示例代码：str_match.py

```
#!/usr/bin/python
# -*- coding: UTF-8 -*-

from time import time

def bf(main, pattern):
    """
    :param main: 主串
    :param pattern: 模式串
    :return:
    """
    n = len(main)
    m = len(pattern)

    if n <= m:
        return 0 if pattern == main else -1

    for i in range(n-m+1):
```

```
            for j in range(m):
                if main[i+j] == pattern[j]:
                    if j == m-1:
                        return i
                    else:
                        continue
                else:
                    break
        return -1

    def simple_hash(s, start, end):
        """
        计算子串的哈希值
        每个字符取 ACSII 值后求和
        :param s:
        :param start:
        :param end:
        :return:
        """
        assert start <= end
        ret = 0
        for c in s[start: end+1]:
            ret += ord(c)
        return ret


    def rk(main, pattern):
        n = len(main)
        m = len(pattern)

        if n <= m:
            return 0 if pattern == main else -1

        # 子串哈希值表
        hash_memo = [None] * (n-m+1)
        hash_memo[0] = simple_hash(main, 0, m-1)
        for i in range(1, n-m+1):
            hash_memo[i] = hash_memo[i-1] - simple_hash(main, i-1, i-1) +
simple_hash(main, i+m-1, i+m-1)

        # 模式串哈希值
        hash_p = simple_hash(pattern, 0, m-1)
```

```
    for i, h in enumerate(hash_memo):
        # 可能存在哈希冲突
        if h == hash_p:
            if pattern == main[i:i+m]:
                return i
            else:
                continue
    return -1


if __name__ == '__main__':
    m_str = 'a'*10000
    p_str = 'a'*200+'b'

    print('--- time consume ---')
    t = time()
    print('[bf] result:', bf(m_str, p_str))
    print('[bf] time cost: {0:.5}s'.format(time()-t))

    t = time()
    print('[rk] result:', rk(m_str, p_str))
    print('[rk] time cost: {0:.5}s'.format(time()-t))

    print('')
    print('--- search ---')
    m_str = 'thequickbrownfoxjumpsoverthelazydog'
    p_str = 'jump'
    print('[bf] result:', bf(m_str, p_str))
    print('[rk] result:', rk(m_str, p_str))
```

输出如下：

```
--- time consume ---
('[bf] result:', -1)
[bf] time cost: 0.30143s
('[rk] result:', -1)
[rk] time cost: 0.013984s

--- search ---
('[bf] result:', 16)
('[rk] result:', 16)
```

例 4.2 随机模块的骰子游戏。

首先创建一个简单的骰子游戏来理解随机模块函数。在这个游戏中，有两个玩家和两个骰子。两个玩家轮流掷骰子，每次同时掷两个骰子，通过算法计算两个骰子数字的总和，并将其添加到每个玩家的记分板上。最后，得分高的玩家是赢家。

示例代码：py_Random.py

```
import random

PlayerOne = "Eric"
PlayerTwo = "Kelly"

EricScore = 0
KellyScore = 0

# 每个骰子包含 6 个数字
diceOne = [1, 2, 3, 4, 5, 6]
diceTwo = [1, 2, 3, 4, 5, 6]


def shuffle_dice():
    # Eric 和 Kelly 都使用洗牌法掷骰子

    for i in range(5):
        # 将两个骰子洗 5 次
        random.shuffle(diceOne)
        random.shuffle(diceTwo)
    # 使用选择方法随机选择一个数字
    firstNumber = random.choice(diceOne)
    SecondNumber = random.choice(diceTwo)
    return firstNumber + SecondNumber

print("Dice game using a random module\n")

# 玩 3 次骰子游戏
for i in range(3):
    # 首先掷硬币决定谁有权先玩
# 生成从 1 到 100 的随机数，包括 100
    EricTossNumber = random.randint(1, 100)
    # 生成从 1 到 100 的随机数，不包括 101
    KellyTossNumber = random.randrange(1, 101, 1)

    if (EricTossNumber > KellyTossNumber):
        print("Eric won the toss")
```

```
        EricScore = shuffle_dice()
        KellyScore = shuffle_dice()
    else:
        print("Kelly won the toss")
        KellyScore = shuffle_dice()
        EricScore = shuffle_dice()

    if (EricScore > KellyScore):
        print("Eric is winner of dice game. Eric's Score is:", EricScore,
"Kelly's score is:", KellyScore, "\n")
    else:
        print("Kelly is winner of dice game. Kelly's Score is:",
KellyScore, "Eric's score is:", EricScore, "\n")
```

输出如下：

```
Dice game using a random module

Kelly won the toss
("Eric is winner of dice game. Eric's Score is:", 11, "Kelly's score
is:", 5, '\n')
Eric won the toss
("Eric is winner of dice game. Eric's Score is:", 6, "Kelly's score
is:", 3, '\n')
Eric won the toss
("Kelly is winner of dice game. Kelly's Score is:", 8, "Eric's score
is:", 6, '\n')
```

例 4.3 显示给定文件的文件信息。

首先插入一幅图片文件（.png）或文本文件（.txt），代码运行之后将刚刚插入的图片文件或文本文件的详细信息显示出来，如文本名称和文本大小。

示例代码：getfileInfo.py

```
# 使用 os.stat()获取文件信息
from __future__ import print_function

import os
import stat  # os.stat()的索引常量
import sys
import time

if sys.version_info >= (3, 0):
    raw_input = input
```

```
file_name = raw_input("Enter a file name: ")  # 选择一个用户已有的文件
count = 0
t_char = 0

try:
    with open(file_name) as f:
        # Source: https://stackoverflow.com/a/1019572
        count = (sum(1 for line in f))
        f.seek(0)
        t_char = (sum([len(line) for line in f]))
except FileNotFoundError as e:
    print(e)
    sys.exit(1)
# 当打开的是python2时
except IOError:
    pass
# 当打开的是python3时
except IsADirectoryError:
    pass

file_stats = os.stat(file_name)
# 创建一个字典来保存文件信息
file_info = {
    'fname': file_name,
    'fsize': file_stats[stat.ST_SIZE],
    'f_lm': time.strftime("%d/%m/%Y %I:%M:%S %p",
                          time.localtime(file_stats[stat.ST_MTIME])),
    'f_la': time.strftime("%d/%m/%Y %I:%M:%S %p",
                          time.localtime(file_stats[stat.ST_ATIME])),
    'f_ct': time.strftime("%d/%m/%Y %I:%M:%S %p",
                          time.localtime(file_stats[stat.ST_CTIME])),
    'no_of_lines': count,
    't_char': t_char
}
# 打印出文件信息
file_info_keys = ('file name', 'file size', 'last modified',
                  'last accessed', 'creation time', 'Total number of
                  lines are', 'Total number of characters are')
file_info_vales = (file_info['fname'], str(file_info['fsize']) +
                   "bytes", file_info['f_lm'], file_info['f_la'],
                   file_info['f_ct'], file_info ['no_of_lines'],
```

```
                    file_info['t_char'])

for f_key, f_value in zip(file_info_keys, file_info_vales):
    print(f_key, ' =', f_value)

# 检查'file'是否为direcotry
# 打印出文件统计信息
if stat.S_ISDIR(file_stats[stat.ST_MODE]):
    print("This a directory.")
else:
    file_stats_fmt = ''
    print("\nThis is not a directory.")
    stats_keys = ("st_mode (protection bits)", "st_ino (inode number)",
                  "st_dev (device)", "st_nlink (number of hard links)",
                  "st_uid (user ID of owner)", "st_gid (group ID of owner)",
                  "st_size (file size bytes)",
                  "st_atime (last access time seconds since epoch)",
                  "st_mtime (last modification time)",
                  "st_ctime (time of creation Windows)")
    for s_key, s_value in zip(stats_keys, file_stats):
        print(s_key, ' =', s_value)
```

输出如下：

```
Enter a file name: boy.png
file name  = boy.png
file size  = 43423 bytes
last modified  = 05/08/2021 11:00:11 AM
last accessed  = 07/09/2021 02:25:32 PM
creation time  = 07/09/2021 02:25:31 PM
Total number of lines are  = 168
Total number of characters are  = 43423

This is not a directory.
st_mode (protection bits)  = 33188
st_ino (inode number)  = 12923669517
st_dev (device)  = 16777221
st_nlink (number of hard links)  = 1
st_uid (user ID of owner)  = 501
st_gid (group ID of owner)  = 20
st_size (file size bytes)  = 43423
st_atime (last access time seconds since epoch)  = 1630995932
```

```
st_mtime (last modification time)  = 1628132411
st_ctime (time of creation Windows)  = 1630995931
```

思 考 题

1．输入一个字符串，再输入两个字符，求这两个字符在字符串中的索引。

输入格式：

第一行输入字符串。

第二行输入两个字符，用空格分开。

输出格式：

反向输出字符和索引，即最后一个最先输出。每行一个。

2．计算用户输入的内容中有几个十进制小数？几个字母？

例如，content = input ('请输入内容：')　　#如：adsffjjhb87902kdjhs-+9802jkl

提示：定义两个基数都是 0，一个是字母，另一个是数字。

把字符串挨个打印出来，打印出来一个，判断一个。如果是数字，就把数字的基数加一；如果是字母，就把字母的基数加一；如果既不是数字也不是字母，就执行下一个。最后分别打印出数字个数 num 和字母个数 zimu。

3．按要求重组列表元素。

假设有以下列表：

```
names = ['fentiao','fendai','fensi','apple']
```

输出结果如下：

```
'I have fentiao, fendai, fensi and apple.'
```

4．用组合嵌套的方式实现功能，现有列表如下：

list = [['k', ['qwe', 20, {'k1': ['tt', 3, '1']}, 89], 'ab']]

1）将列表中的'tt'变成大写（两种方式）。

2）将数字 3 变成字符串'100'（两种方式）。

3）将列表中的字符串'1'变成数字 101（两种方式）。

5．创建文件 data.txt，文件共 100000 行，每行存放一个 1～100 的整数。

第 5 章　函数式编程

在编写较大型的应用程序时，经常会在不同的地方使用相同的代码块，为了提高程序的开发效率，可以将该段代码作为一个整体封装起来，允许其在不同的地方重复使用，这里称这个代码段为函数，并指定相应的函数名。通过使用函数名可以在程序的不同地方多次执行这段代码，却不需要在所有地方都重复编写，这一过程称为函数调用。因此，在程序设计中，函数是指用于进行某种计算或具有某种功能的一系列语句的有名称的组合。定义函数时，需要明确指定函数名称、可接收的参数以及实现函数功能的程序语句。完成函数定义后，可以通过函数名称调用该函数。

函数能够完成特定功能。与黑盒测试类似，用户使用函数时不需要了解函数内部的实现原理，只要了解函数的输入/输出方式即可。在前面的学习中，经常用到一些系统内置函数，如 input()、print()、abs()等，以及 Python 标准库中的函数，如 math 库中的 sqrt()等。

5.1　函数的定义

使用函数主要有两个目的：降低编程难度和代码重用。函数可以在一个程序中的多个位置使用，也可以用于多个程序，当需要修改代码时，只需要在函数中修改一次，所有调用程序的功能都会更新。这种代码重用缩短了代码行数和降低了代码维护难度。

例 5.1　绘制两个如图 5.1 所示的文本框。

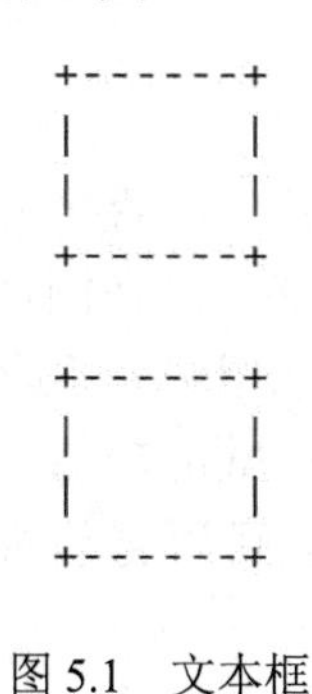

图 5.1　文本框

读者可以使用以下程序来实现：

```
print("+------+")
print("|      |")
print("|      |")
print("+------+")
print()
print("+------+")
```

```
print("|       |")
print("|       |")
print("+-------+")
```

这个程序是可以正常运行的，但用于绘制框的4行语句出现了两次。如果要求绘制4个或者更多，或希望更改框的外观和颜色，这种方法就会显得冗余。更好的程序是包括一个Python命令，它指定如何绘制框，再执行命令4次或更多次。Python没有“绘制框”命令，但可以创建一个，这样的命令称为函数。

对于例5.1，可以修改成如下函数形式：

```
def draw_box():
    print("+-------+")
    print("|       |")
    print("|       |")
    print("+-------+")


draw_box()
print()
draw_box()
```

读者可以从上面的例子中知道，draw_box()函数是用户自己创建的。有时候Python自带的函数不能完全满足实际应用的需求，这时候就需要用户定义自己的函数，叫作自定义函数，语法格式如下：

```
def 函数名(参数列表):
    函数体
    return 函数返回值
```

自定义函数代码块以def关键字开头，后接函数名称、圆括号“()”和冒号（:）且不能省略，任何传入的参数和自变量必须放在圆括号中间。

函数名必须由字母、下画线、数字组成，不能是关键字，不能以数字开头，一般函数名要有一定的意义，能够简单说明函数的功能。例如，darw_box有绘制框的含义。函数名一般为小写，需要用多个单词时，可以将单词首字母大写或用下画线分隔单词以增加可读性，如Find_Number等。

括号中的参数不需要先赋值，称为形式参数，其值由函数调用时传入。

参数列表是调用该函数时传递给它的值，可以有0个、1个或多个，当传递多个参数时各参数由逗号分隔，当没有参数时也要保留圆括号。

函数体是函数每次被调用时执行的代码，由一行或多行语句组成。属于该函数体的每个语句都必须缩进，通常是4个空格。

当需要返回值时，以使用保留字return开头，返回值没有类型限制，也没有个数限制，返回值是多个时，默认以元组形式返回。

return是函数在调用过程中执行的最后一条语句。每个函数可以有多条return语句，但在执行过程中，只能有一条被执行，一旦某条 return 语句被执行，函数调用即结束，同时将值返回到函数调用处。函数也可以没有 return 语句。

5.2　函数的调用

函数是一段实现具体功能的代码，定义函数就相当于给 Python 语言添加一个命令，但命令不会自己执行，需要通过名字进行调用。执行函数的动作称为函数调用。函数调用时，括号中给出与函数定义时数量相同的参数，而且这些参数必须具有确定的值。这些值会被传递给预定义好的函数进行处理，语法格式如下：

```
函数名(参数列表)
```

例 5.2　定义一个能够完成两个数相加的函数。

```
def add(num1,num2):
    s= num1+num2
    return s
sum = add(3,5)
print(sum)
```

程序运行结果如下：

```
8
```

在上面的例子中，调用 add()函数时，程序会根据函数名找到预先定义的函数体，然后执行函数。在定义 add()函数时，括号中的 2 个参数分别为 num1 和 num2，在调用 add()函数时，括号中给出了相应的参数 3 和 5，此时 3 和 5 会被传递给函数定义中的 num1 和 num2，用于函数体中的运算，运算结束后返回运算结果 8。

实际上任何函数都可以调用任何其他函数，当函数内部需要继续调用其他函数时称为多重调用。此时，程序的执行过程为：当带有函数的程序在执行时要从函数外的第一条指令处顺序执行，遇到函数调用时，转向被调用函数名处执行。

例 5.3　通过以下例子感受函数的多重调用。

```
def dog():
    print("the dog is running")
def bird():
    print("the bird is singing")
def cat():
    print("the cat is sleeping")
    dog()
    bird()
def main():
    cat()
```

```
    print("they are so happy")
main()
```

执行过程如图 5.2 所示。

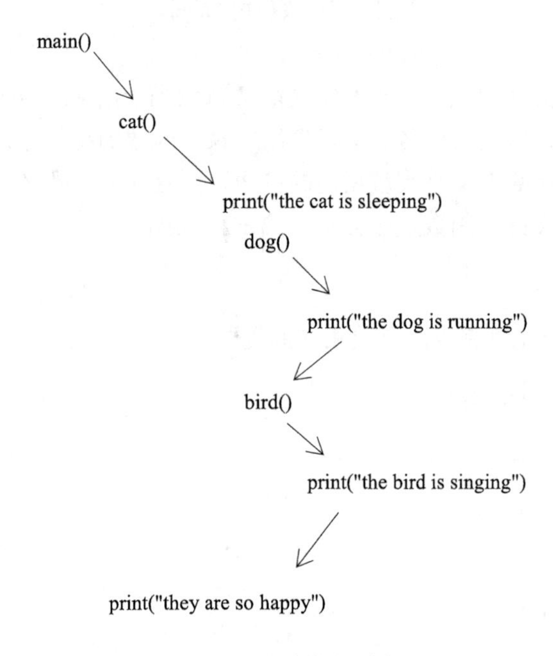

图 5.2　程序执行过程

程序运行结果如下：

```
the cat is sleeping
the dog is running
the bird is singing
they are so happy
```

从上面的例子可以看出，当函数多层调用时，函数的调用过程仍和一层调用时的过程相同。

5.3　函数的参数

定义函数时提供的参数称为形式参数，简称形参；调用函数时提供的参数称为实际参数，简称实参。定义函数时形参可以没有值或设置默认值，调用函数时使用的实参必须有具体的值，这个值将会传递给函数定义中的形参。在 Python 中，参数的传递本质上是一种赋值操作，而赋值操作是一种名字到对象的绑定过程。

Python 中函数参数的形式主要有 5 种：位置参数、关键字参数、默认参数、包裹位置参数和包裹关键字参数。

其中，包裹位置参数和包裹关键字参数都属于可变参数。

1. 位置参数

位置参数是最基本的函数参数，作用是固定参数的位置，参数传递时按照形式参数定义的顺序提供实际参数。其定义语法如下：

```
def 函数名(arg1,arg2):
        函数体
        return 返回值
```

其中，arg1、arg2 是函数的位置参数，位置参数与变量一样，应尽量取有意义的名字。在调用函数时，在小括号中直接填写要传递给函数参数的值。调用函数的参数列表和定义函数的参数列表顺序是一一对应的。

例 5.4　编写一个函数，功能是求两个正整数 m 和 n 的最大公约数。

```
def hcf(x, y):
    if x > y:
        smaller = y
    else:
        smaller = x
    for i in range(1, smaller + 1):
        if ((x % i == 0) and (y % i == 0)):
            hcf = i
    return hcf
num1 = int(input("输入第一个数字: "))
num2 = int(input("输入第二个数字: "))
print(num1, "和", num2, "的最大公约数为:", hcf(num1, num2))
```

程序运行结果如下：

```
输入第一个数字: 6
输入第二个数字: 8
6 和 8 的最大公约数为: 2
```

2. 关键字参数

在调用函数时，也可以通过关键字将数据传递给指定的参数。定义函数时，每个参数都有自己的参数名，在调用时通过“参数名=expression”的方式给参数传值就可以不按照参数的定义顺序来完成。其语法格式如下：

```
函数名(arg1 =expression)
```

例 5.5　编写函数，判断输入的 3 个数字是否能构成三角形的 3 条边。

```
def triple(x,y,z):
    if(x+y>z and x+z>y and y+z>x):
```

```
        print("可以构成三角形")
    else:
        print("不可以构成三角形")
a=int(input("请输入第一条边:"))
b=int(input("请输入第二条边:"))
c=int(input("请输入第三条边:"))
triple(z=a,x=b,y=c)
```

程序运行结果如下：

```
请输入第一条边:2
请输入第二条边:5
请输入第三条边:8
不可以构成三角形
```

关键字参数和位置参数可以混用，但是要注意位置参数要出现在关键字参数的前面，否则，编译器无法明确知道关键字以外的参数出现的顺序。

3. 默认参数

Python 允许在定义函数时给参数设置默认值，这样的参数称为默认参数。在调用函数时，如果该参数得到传入值，将按传入值进行计算，如果没有被传递值，则使用默认值。

默认的参数必须放在必选参数之后。也就是说，当函数的参数有多个时，默认参数必须在后面，非默认的参数在前面，而且一旦出现了带默认值的参数，后面的参数都必须带默认值。在有多个默认参数的情况下，调用函数的时候，既可以按顺序提供默认参数，也可以不按顺序提供默认参数。

例 5.6 求 x 的 n 次方。

```
def res(x,n = 2):
    r = 1
    while n>0:
        r*=x
        n =n-1
    return r
print(res(5))
```

程序运行结果如下：

```
25
```

在上面的例子中，定义函数 res()时形式参数 n 的默认值为 2，在调用 res()函数时，如果没有另外给 n 传递值，函数就直接使用默认值参与计算。

注意：在给函数的形式参数设置默认值时，默认值的类型只能为不可变类型，如整型、字符串、浮点型、数值型、元组等，而不能为字典型和列表型。

4. 包裹位置参数

在前面的示例中，函数都是确定个数的参数，但是在实际开发中，某些场景下无法确定参数的个数，这时就可以使用不定长参数来实现。包裹位置参数是不定长参数的一种，在函数中使用包裹位置参数，将允许函数接收不定长度的位置参数，这些参数将会被组织成一个元组传入函数中。其语法格式如下：

```
def 函数名(*args)
    函数体
    [return 返回值]
```

例 5.7 编写一个函数 calculate()，可以接收任意多个数，返回的是一个元组。

```
def calculate(*num):
    li = []
    avg = sum(num)/len(num)
    for i in num:
        if i>avg:
            li.append(i)
    return avg,li
count = calculate(12,13,14,15,16)
print(count)
```

程序运行结果如下：

```
(14.0, [15, 16])
```

包裹位置参数会接收不定长的参数值，因此，包裹位置参数要定义在位置参数、默认参数的后面。在调用含有包裹位置参数的函数时，如果包裹位置参数后面使用了关键字参数，那么包裹位置参数就会停止接收参数值。

5. 包裹关键字参数

包裹关键字参数也是不定长参数的一种，它与包裹位置参数一样都是可变参数，只是包裹关键字参数接收的参数都是以关键字参数的形式传入的，当参数传入函数中后，这些传入的参数会以字典的形式组合在一起，其中关键字参数的参数名就是字典中的键，参数值就是键对应的值。其语法格式如下：

```
def  函数名(**kwargs)
     函数体
```

例 5.8 写函数，检查传入字典的每一个 value 的长度，如果大于 2，那么仅仅保留前两个长度的内容，并将新内容返回。

```
def func1(**p):
    for key,value in p.items():
```

```
        if len(value) > 2:
            p[key] = value[0:2]
    return p
r = func1(k1="v1v1",k2=[11,22,33,44,55])
print(r)
```

不定长参数传递的关键是在函数定义时，在相应的元组或字典前加“*”或“**”。

5.4　函数的返回值

在使用函数时，有些场景下需要获得函数的执行结果，通过给函数添加返回语句，可以实现将函数的执行结果返回给函数调用者。

给函数添加返回值可以在需要返回的地方执行 return 语句，return 语句对于函数来讲不是必需的，因此函数可以没有返回值。return 关键字的特点是执行了 return 语句后，表示函数已经执行完成了，return 后面的语句不会再执行。

例 5.9　用高斯求和公式编写一个计算前 n 个整数的和的函数并返回值。

```
def sum_of(n):
    return n*(n+1)//2

answer = sum_of(100)
print("sum of 1-100 is:{}".format(answer))
```

程序运行结果如下：

```
sum of 1-100 is:5050
```

有一个关于数学家约翰·卡尔·弗里德里希·高斯的著名故事：在高斯小时候，老师让全班同学把 1～100 的整数加起来，并认为学生们要花一段时间才能完成这项任务，但是高斯很快找到了一个公式，并把他的答案告诉了老师。他使用一个简单的技巧，将两个数列的副本加起来，一个按向前顺序，一个按后向顺序，也就是后来的高斯求和公式。这个方法也说明了带有返回值函数的用法。

正如一个函数可以接收多个参数一样，它也可以返回多个值，不过是以元组形式返回的。

例 5.10　编写一个名为 quadratic()的函数，用于解二次方程并返回它们的根。

提示：二次方程是用变量 x 表示的下列形式之一，其中 a、b 和 c 是整数系数。

$$ax^2+bx+c=0$$

求解二次方程也就是求满足方程的 x 的值，可以利用二次方程的求根公式：

$$x = \frac{-b \pm \sqrt{b^2 - 4ac}}{2a}$$

```
import math
def quadratic(a,b,c):
    disc = math.sqrt(b*b-4*a*c)
    root1 =(-b+disc)/(2*a)
    root2 = (-b-disc)/(2*a)
    return root1,root2
r1,r2 = quadratic(1,-5,6)
print("the roots are:{} and {}".format(r1,r2))

r1,r2 = quadratic(2,6,4)
print("the roots are:{} and {}".format(r1,r2))
```

程序运行结果如下：

```
the roots are:3.0 and 2.0
the roots are:-1.0 and -2.0
```

当函数返回多个值时，对该函数的调用应该在=号前列出相同数量的变量，因为quadratic()函数返回两个值，所以读者在每次调用时都要写出两个变量的名称。如果列出的变量数量与函数返回的值的数量不匹配，解释器将产生错误。

5.5　函数变量的生存周期

变量按照作用范围分为两类：全局变量和局部变量。全局变量是指在函数之外定义的变量，一般没有缩进，在程序执行全过程有效。局部变量是指在函数内部使用的变量，仅在函数内部有效，当退出函数时变量将不存在。

局部变量是在函数中定义的变量，包含在 def 关键字定义的语句块中，函数每次被调用时都会创建一个新的对象，但局部变量仅仅是暂时存在的，依赖于创建该变量的函数是否处于活动的状态。局部变量在调用函数时被创建，函数调用结束后被销毁并释放内存。

全局变量是在文件层次中定义的变量，每一个模块都是一个全局作用域。也就是说，在模块文件顶层声明的变量都是全局变量，作用范围是当前文件，包括函数外部和函数内部，全局变量在模块运行的过程中会一直存在，占用内存空间，一般建议尽量少定义全局变量。

例 5.11　全局变量与局部变量。

```
a=100
def test1():
```

```
    a = 2
    print(a)

def test2():
    print(a)

test1()
test2()
```

程序运行结果如下：

```
2
100
```

在这个例子中，test1()函数体中的 a 是一个局部变量，在函数体中输出 a 的值就为 2，且对外面的全局变量 a 的值没有影响。在 test2()函数体中没有定义 a，test2()输出 a 的值实际上输出的是全局变量 a 的值，为 100。从上面例子可以看到，两个 a 之间并不冲突，一个是局部变量，只在函数内部有效；另一个是全局变量，作用在整个文件中。

如果需要在函数中使用全局变量，可以使用 Python 提供的关键字 global 来提醒函数：此时函数里使用的变量是全局的。

例 5.12 在函数中使用全局变量。

```
x = 3
def  fun():
    global x
    x =1
fun()
print(x)
```

此时得出的结果为 1。通过第三行 global x 通知 fun()函数，它使用的 x 是在外面定义的。此时执行第五行 fun()函数的结果，就是将全局变量 x 的值变成了 1，说明 fun()函数确实将外面定义的 x 的值改变了。

在实际运用中，为了避免出错，一般不建议全局变量和局部变量使用同样的变量名。

5.6 递归函数

函数作为一种代码封装，可以被其他程序调用，也可以被函数自己内部的代码调用，通过逐步缩小范围求解，如果还不能求解，则继续分解直到结束。这种在函数定义中调用函数自身的方式称为递归。在数学和计算机应用上，递归的功能非常强大，能够非常简洁地解决重要问题。

数学上有个经典的递归例子叫阶乘。阶乘通常定义如下：

$$n! = n(n-1)(n-2)(n-3)\cdots(1)$$

也可以用另一种表达阶乘的方式：

$$n!=\begin{cases}1, & n=0\\ n(n-1), & n\geqslant 1\end{cases}$$

0 的阶乘是 1，其他数的阶乘定义为这个数乘以比这个数小 1 的数的阶乘，如此递归，每次递归都会计算比它更小数的阶乘，直到 0!。0!是已知的值，被称为递归的基例。当递归到底时，就需要一个能直接算出值的表达式。基于以上分析，n!用代码表示如下：

```
def  factorial(n):
    if  n == 0:
        return 1
    else:
        return  n*factorial(n-1)
num = eval(input("请输入一个正整数："))
print(factorial(num))
```

程序运行结果如下：

```
请输入一个正整数：3
6
```

factorial()函数在其定义内部引用了自身，形成了递归过程（第 5 行）。无限制的递归将耗尽计算资源，因此需要设计基例使得递归逐层返回。factorial()函数不再递归，返回数值 1，如果 n!=0，则通过递归返回 n 与 n−1 阶乘的乘积。由于负数和小数通过减 1 无法达到递归的基例，即 n 等于 0，因此要求输入一个正整数。执行过程如图 5.3 所示。

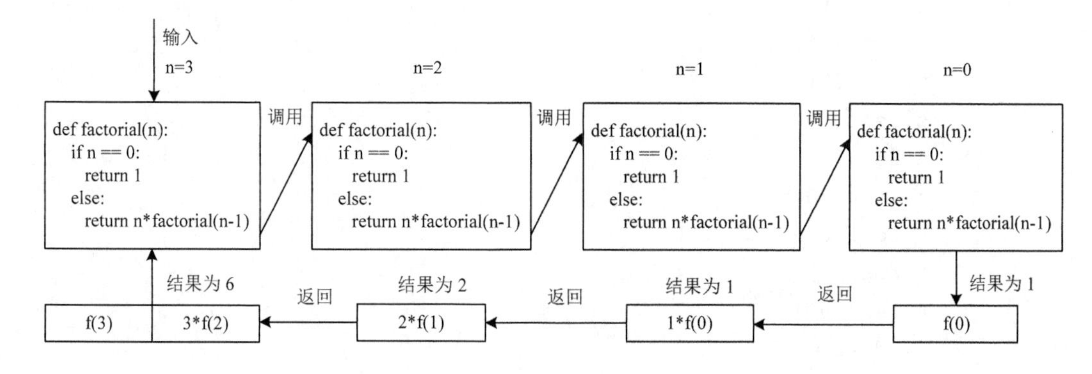

图 5.3　递归过程

递归函数特性如下。

1）必须有一个明确的递归终止条件。递归在有限次调用后要进行回溯才能得到最终的结果，那么必然应该有一个明确的临界点，程序一旦到达这个临界点，就不用继续函数的调用而开始回溯，该临界点可以防止无限递归。

2）给出递归终止时的处理方法。在递归的临界点应该直接给出问题的解决方案。

3）每次进入更深一层递归时，问题规模相比上一次递归应有所减少或更接近解。

4）递归问题必须可以分解为若干个规模较小、与原问题形式相同的子问题，这些子问题可以用相同的解题思路来解决。从程序实现的角度而言，需要抽象出一个简单的、重复的逻辑，以便使用相同的方式解决子问题。

5）递归函数的优点是定义简单，逻辑清晰。理论上，所有的递归函数都可以写成循环的方式，但循环的逻辑不如递归清晰。

6）递归的缺点是效率不高，而且使用递归函数需要注意防止溢出。

5.7 代码复用

程序由一系列代码组成，如果代码是顺序但无组织的，不仅不利于阅读和维护，当需要修改功能时，每一处都要修改，一旦其中一处漏改就容易导致错误。

一个较好的方法是将这段代码封装成一个函数，在需要实现该功能的地方直接调用这个函数并对其传入合适的参数，以实现目标功能。

例 5.13 绘制钢琴按键。

```
import turtle as t
t.setup(500,300)
t.penup()
t.goto(-180,-50)            # 将画笔移动到绝对位置(-180,-50)处
t.pendown()                 # 画笔落下
def Drawrect():             # 绘制白键的程序封装成函数
    t.fd(40)
    t.left(90)
    t.fd(120)
    t.left(90)
    t.fd(40)
    t.left(90)
    t.fd(120)
    t.penup()
    t.left(90)
    t.fd(42)
    t.pendown()
for i in range(7):
    Drawrect()
t.penup()
t.goto(-150,0)
t.pendown
def DrawRectBlack():        # 绘制黑键的程序封装成函数
    t.color('black')
```

```
        t.begin_fill()
        t.fd(30)
        t.left(90)
        t.fd(70)
        t.left(90)
        t.fd(30)
        t.left(90)
        t.fd(70)
        t.end_fill()
        t.penup()
        t.left(90)
        t.fd(40)
        t.pendown()
    DrawRectBlack()
    DrawRectBlack()
    t.penup()
    t.fd(48)
    t.pendown()
    DrawRectBlack()
    DrawRectBlack()
    DrawRectBlack()
    t.hideturtle()
    t.done()
```

程序运行结果如图 5.4 所示。

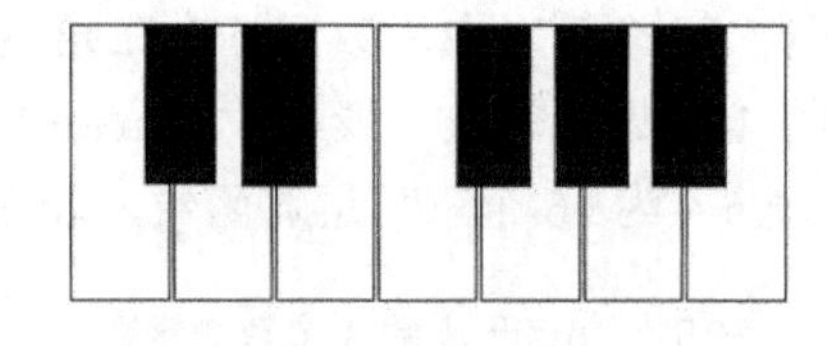

图 5.4　绘制钢琴按键

通过例 5.13 可以看到，在绘制钢琴白键和黑键时，直接调用 Drawrect()和 DrawRectBlack()两个自定义函数，与多次复制相同的代码相比，这样的函数封装极大地简化了编程工作，也使代码变得简洁，如果需要修改键的大小或颜色，只需要修改这两个自定义函数中的内容即可。

例 5.13 使用了一个内置模块 turtle。turtle 库绘制图形有一个基本框架：一只小海龟在坐标系中爬行，其爬行轨迹形成了绘制图形。对于坐标系的探索通过“前进方向”“后退方向”“左侧方向”“右侧方向”等小海龟自身角度方位来完成。刚开始绘制时，小海龟位于画布正中央，此处坐标为(0,0)，行进方向为水平右方。更多的关于 turtle 模块的使用可以查询 Python 使用手册。

Python 本身内置了很多非常有用的模块，只要安装完毕，就可以立刻使用这些模块。这些模块包括标准库、开源模块和自定义模块。除了内置大量的标准库，还有十几万第三方库，这些库可以直接使用 import 进行导入，然后调用其中的功能模块，极大地降低了编程的难度。因此，编写一个大的程序时，离不开多个模块的组合运用，其中也不乏模块导入，此时便要考虑好模块之间的关系搭建和运用。

5.8 内置函数库

Python 函数库分为 Python 环境中默认支持的函数库，以及第三方提供需要进行安装的函数库，默认支持的函数库也叫作标准库，其中 math 库是 Python 提供的内置数学类函数库。math 库的函数不能直接使用，需要使用保留字 import 引用该库，引用方式如下：

第一种：

```
import math
```

调用 math 库函数的格式为：math.<函数名>()。

第二种：

```
from math  import <函数名>
```

调用 math 库函数的格式为：<函数名>.()。

因为复数类型常用于科学计算，一般计算并不常用，因此 math 库不支持复数类型，仅支持整数和浮点数运算。math 库提供了 4 个数学常数和 44 个函数。44 个函数共分为 4 类，包括 16 个数值表示函数、8 个幂对数函数、16 个三角运算函数和 4 个高等特殊函数。表 5.1 列出了 math 库的 4 个数学常数，表 5.2 为 math 库的 16 个数值表示函数，表 5.3 为 8 个幂对数函数，表 5.4 为 16 个三角运算函数，表 5.5 为 4 个高等特殊函数。

表 5.1 math 库的 4 个数学常数

数学常数	描述
math.pi	圆周率，值为 3.141592653589793
math.e	自然对数，值为 2.718281828459045
math.inf	正无穷大，负无穷大为-math.inf
math.nan	非浮点数标记，NaN(Not a Number)

例：e 表示一个常量。

```
>>> import math
>>> math.e
2.718281828459045
```

表 5.2　math 库的 16 个数值表示函数

函数	描述
math.fabs(x)	返回 x 的绝对值
math.fmod(x,y)	返回 x 与 y 的模
math.fsum([x,y,…])	浮点数精确求和
math.ceil(x)	向上取整，返回不小于 x 的最小整数
math.floor(x)	向下取整，返回不大于 x 的最大整数
math.factorial(x)	返回 x 的阶乘，如果 x 是小数或负数，返回 ValueError
math.gcd(a,b)	返回 a 与 b 的最大公约数
math.frexp(x)	返回(m,e)，当 x=0，返回(0.0,0)
math.ldexp(x,i)	返回 x * 2^i 的运算值，math.frepx(x)函数的反运算
math.modf(x)	返回 x 的小数和整数部分
math.trunc(x)	返回 x 的整数部分
math.copysign(x,y)	用数值 y 的正负号替换 x 的正负号
math.isclose(a,b)	比较 a 和 b 的相似性，返回 True 或 False
math.isfinite(x)	当 x 为无穷大时，返回 True；否则返回 False
math.isinf(x)	当 x 为正数或负数无穷大时，返回 True；否则返回 False
math.isnan(x)	当 x 是 NaN 时，返回 True；否则返回 False

例：取大于或等于 x 的最小的整数值，如果 x 是一个整数，则返回 x。

```
>>> import math
>>> math.ceil(4.12)
5
```

表 5.3　8 个幂对数函数

函数	描述
math.pow(x,y)	返回 x 的 y 次幂
math.exp(x)	返回 e 的 x 次幂，e 是自然对数
math.expml(x)	返回 e 的 x 次幂减 1
math.sqrt(x)	返回 x 的平方根
math.log(x[,base])	返回 x 的对数值，只输入 x 时，返回自然对数，即 lnx
math.log1p(x)	返回 1+x 的自然对数值
math.log2(x)	返回 x 的以 2 为底的对数值
math.log10(x)	返回 x 的以 10 为底的对数值

例：返回 math.e（其值为 2.71828）的 x 次方。

```
>>> import math
>>> math.exp(2)
7.38905609893065
```

表 5.4　16 个三角运算函数

描述	函数
math.degree(x)	角度 x 的弧度值转角度值
math.radians(x)	角度 x 的角度值转弧度值
math.hypot(x,y)	返回(x,y)坐标到原点(0,0)的距离
math.sin(x)	返回 x 的正弦函数值，x 是弧度值
math.cos(x)	返回 x 的余弦函数值，x 是弧度值
math.tan(x)	返回 x 的正切函数值，x 是弧度值
math.asin(x)	返回 x 的反正弦函数值，x 是弧度值
math.acos(x)	返回 x 的反余弦函数值，x 是弧度值
math.atan(x)	返回 x 的反正切函数值，x 是弧度值
math.atan2(y,x)	返回 y/x 的反正切函数值，x 是弧度值
math.sinh(x)	返回 x 的双曲正弦函数值
math.cosh(x)	返回 x 的双曲余弦函数值
math.tanh(x)	返回 x 的双曲正切函数值
math.asinh(x)	返回 x 的反双曲正弦函数值
math.acosh(x)	返回 x 的反双曲余弦函数值
math.atanh(x)	返回 x 的反双曲正切函数值

例：求 x 的余弦，x 必须是弧度。

```
>>> import math
>>> math.cos(math.pi/4)
0.7071067811865476
```

表 5.5　4 个高等特殊函数

函数	描述
math.erf(x)	高斯误差函数，应用于概率论/统计学等领域
math.erfc(x)	余补高斯误差函数，nath.erfc(x)=1−math.erf(x)
math.gamma(x)	伽马（Gamma）函数，也叫欧拉第二积分函数
math.lgamma(x)	伽马函数的自然对数

Python 还内置了一些函数可以直接使用，这些函数大部分都在本书的各章节中出现过，这里不再一一介绍。

5.9 应用实例

例 5.14　猴子吃桃问题。

猴子第一天摘下若干个桃子，立即吃了一半，还不过瘾又多吃了一个，第二天将第一天剩下的桃子吃了一半又多吃了一个，以后每天按这个规律吃下去，到第十天再去吃时发现只剩下一个桃子，问猴子第一天摘了多少个桃子？

提示：采用逆向思维，从后往前推断，发现其中有相同的地方，即出现递推公式，可以采用递归方法。

求解过程如下：

```
def  peach(n):
     if  n==10:
       return 1
     else:
        return  (peach(n+1)+1)*2
for  i  in  range(10,0,-1):
    print("第{}天有{}个桃子".format(i,peach(i)))
```

程序运行结果如下：

```
第 10 天有 1 个桃子
第 9 天有 4 个桃子
第 8 天有 10 个桃子
第 7 天有 22 个桃子
第 6 天有 46 个桃子
第 5 天有 94 个桃子
第 4 天有 190 个桃子
第 3 天有 382 个桃子
第 2 天有 766 个桃子
第 1 天有 1534 个桃子
```

例 5.15　兔子出生问题。

有一对兔子，从出生后第 3 个月起每个月都生一对兔子，小兔子长到第三个月后每个月又生一对兔子，假如兔子都不死，问每个月的兔子总数为多少对？

提示：这是有名的斐波那契数列（Fibonacci sequence），又称黄金分割数列，由数学家莱昂纳多·斐波那契（Leonardo Fibonacci）以兔子繁殖为例引入，故又称“兔子数列”，指的是这样一个数列：1，1，2，3，5，8，13，21，34，…。

在数学上，斐波那契数列被以递归的方法定义：

$$F(1)=1,\ F(2)=1,\ F(n)=F(n-1)+F(n-2)\ (n\geqslant 2,\ n\in N^*)$$

按上面的分析，求解过程的 Python 代码如下：

```
def  fib(n):
   if  n == 1  or  n == 2:
     return 1
   else:
     return  fib(n-1) + fib(n-2)
n = eval(input("请输入月份："))
print("第{}个月兔子总数为{}对"format(n, fib(n)))
```

程序运行结果如下：

```
请输入月份：8
第 8 个月的兔子总数为 21 对
```

背景小知识

斐波那契螺旋线，也称“黄金螺旋线”，是根据斐波那契数列画出来的螺旋曲线。自然界中存在许多斐波那契螺旋线的图案，是自然界最完美的经典黄金比例。

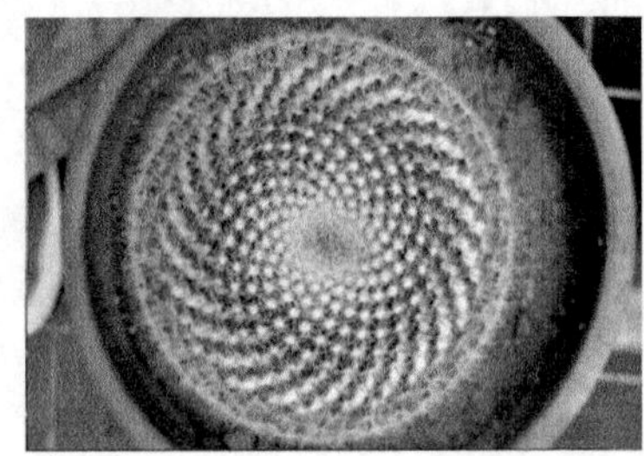

例 5.16 经典益智小游戏。

如图 5.5 所示，有 3 个立柱 A、B、C。A 柱上穿有大小不等的圆盘 n 个，较大的圆盘在下，较小的圆盘在上。要求把 A 柱上的圆盘全部移到 C 柱上，保持大盘在下、小盘在上的规律（可借助 B 柱）。每次移动只能把一个柱子最上面的圆盘移到另一个柱子的最上面。请输出移动过程。

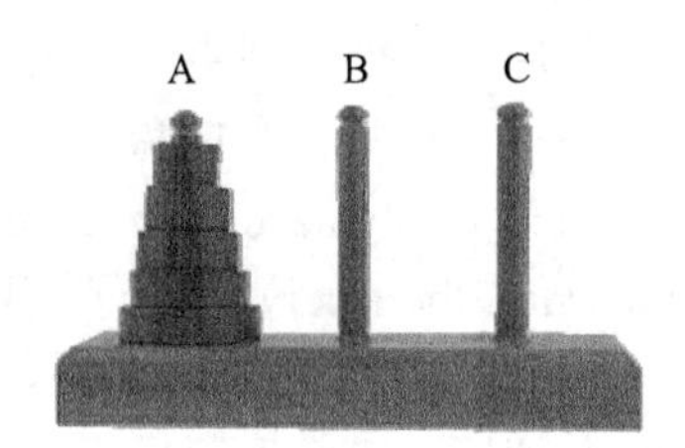

图 5.5 圆盘的起始位置

提示：使用递归的思想把这个目标分解成 3 个子目标。

将前 n−1 个盘子从 A 移动到 B 上；

将最底下的最后一个盘子从 A 移动到 C 上；

将 B 上的 n−1 个盘子移动到 C 上。

```
def  move(n, a, b, c):
    if  n==1:
      print  (a,'-->',c)
      return
    else:
      move(n-1,a,c,b)        # 首先需要把（n-1）个圆盘移动到 b
      move(1,a,b,c)          # 将 a 的最后一个圆盘移动到 c
```

```
        move(n-1,b,a,c)      # 再将b的(n-1)个圆盘移动到c
    N= eval(input("请输入圆盘个数："))
    move(N, 'A', 'B', 'C')
```

程序运行结果如下：

```
请输入圆盘个数：3
A --> C
A --> B
C --> B
A --> C
B --> A
B --> C
A --> C
```

思　考　题

1．递归和循环有什么区别？

2．用函数实现求 100～200 的所有素数。（提示：素数的特征是除了 1 和其本身能被整除，其他数都不能被整除的数。）

3．编写一个函数 calculate()，可以接收任意多个数，返回的是一个元组，元组的第一个值为所有参数的平均值，第二个值是大于平均值的所有数。

4．编写一个递归函数，接收一个字符串，返回一个反向字符串。

5．编写一个递归函数，针对非负整数 n，计算 10^n。

第 6 章　面向对象编程

在前面的章节中，解决问题的方式是先分析解决这个问题需要的步骤，然后用流程控制语句、函数把这些步骤一步一步地实现出来。这种编程思想被称为面向过程编程。面向过程编程符合人们的思考习惯。

随着程序规模的不断扩大，人们不断提出新的要求。面向过程编程可扩展性低的问题逐渐凸显出来，于是人们提出了面向对象的编程思想。面向对象的编程不再根据解决问题的步骤来设计程序，而是先分析谁参与了问题的解决。这些参与者称为对象，对象之间相互独立，但又相互配合、连接和协调，从而共同完成整个程序要实现的任务和功能。面向对象编程具有三大特征：封装、继承和多态。这三大特征共同保证了程序的可扩展性需求。

6.1　类

在面向对象编程的方法中，类和“种类”“类型”等词含义相近，它是具有相同属性和行为的一类对象的集合，为属于该类的全部对象提供抽象的描述。例如，读者见过各种各样的汽车，它们都有 4 个车轮、方向盘等部件，可以用一个汽车类来表示。

在 Python 中使用关键字 class 定义类，其语法格式如下：

```
class 类名():
    定义类的属性和方法
```

其中，类名的命名方法通常用单词首字母大写的驼峰命名法，类名的后面是一个()，表示类的继承关系可以不填写，括号后面接“:”表示换行，并在新的一行缩进定义类的属性和方法。

例如，创建一个动物类：

```
class Animal():
```

完成类的定义后，就可以给类添加属性和方法了。

在类中定义方法与定义函数非常相似，实际上方法和函数的功能也是相同的，不同之处是一个定义在类外，一个定义在类内。定义在类外的称为函数，定义在类内的称为类的方法，那么实例方法就是只有在使用类创建了实例对象之后才能调用的方法，即实例方法不能通过类名直接调用。定义方法的语法格式如下：

```
def 方法名(self,方法参数列表):
    方法体
```

从语法上看，类的方法定义比函数定义多了一个参数 self，这里的 self 代表的含义不是类，而是实例，即通过类创建实例对象后对自身的引用。self 非常重要，是类中的特殊参数，它必须是任何方法的第一形式参数，不能省略。在对象内只有通过 self 才能调用实例变量或方法。

在类中还有两个非常特殊的方法：__init__()和__del__()。__init__()方法会在创建实例对象时自动调用，__del__()方法会在实例对象被销毁时自动调用。因此__init__()被称为构造方法，__del__()被称为析构方法。

这两个方法即便在类中没有显式地定义，实际上也是存在的。在开发中，也可以在类中显式地定义构造方法和析构方法，这样就可以在创建实例对象时，在构造方法里添加代码完成对象的初始化工作，在对象销毁时，在析构方法里添加一些代码释放对象占用的资源。

例 6.1　创建一个动物类，并定义构造方法。

```
class  Animal():
    def __init__(self,name):       # 定义构造方法
        self.Aname = name          # 定义实例属性，并初始化
    def say_hello(self):
        print("Hello,my name is {}".format(self.Aname))
    def __del__(self):             # 定义析构方法
        print("Bye,{}退场".format(self.name))
```

析构方法一般情况下不需要显式定义也不需要显式调用。

6.2　对　　象

对象是指某个具体的事物，现实世界中客观存在的一个点、一个人、一辆车、一只小鸟等都可以分别视为一个对象，它们都具有自己独立的属性和方法，面向对象思想的核心就是对象，就是现实世界中的实体，因此，面向对象编程能够很好地模拟现实世界，符合人们思考问题的方式，从而能更好地解决现实世界中的问题。下面将猫和鸟作为对象进行分析，如表 6.1 所示。

表 6.1　Mimi 和 Polly 对象介绍

姓名：Mimi 品种：折耳猫 颜色：黑白相间 爪子：4 只	姓名：Polly 品种：和尚鹦鹉 颜色：绿白相间 爪子：2 只
行为：跑、跳、抓老鼠	行为：飞、吹口哨、学说话

在表 6.1 中显示了两个对象，Mimi 和 Polly。通常每一个对象都有自己的特征，例如，Mimi 的特征是：姓名为 Mimi，品种为折耳猫，颜色为黑白相间，爪子有 4 只；Polly 的特征是：姓名为 Polly，品种为和尚鹦鹉，颜色为绿白相间，爪子有 2 只。

在面向对象编程中将对象具有的特征称为属性。通常情况下，不同对象具有不同的属性或属性值。

对象还能执行某些操作或具备某些行为能力，如 Mimi 可以跑、跳、抓老鼠；Polly 能够飞、吹口哨、学说话。

对象执行某些操作或具备某些行为能力称为对象的方法。

在使用对象时需要创建一个或者多个这个类的对象实例，也就是可以使用一个类来构造很多对象，这就类似于蓝图的工作方式，一个蓝图可以用于创建许多类似的房屋，每个房屋都是蓝图的一个实例，这个过程称为类的实例化。创建对象的语法格式如下：

```
对象名 = 类名()
```

创建对象以后，可以使用实例对象调用类中定义的方法，即实例方法，调用实例方法的语法格式如下：

```
对象名.方法名(参数)
```

对象的属性是以变量的形式存在的，也就是实例变量，是类中的重要成员，通常在类的析构方法中定义，在定义时需要给实例变量赋初值。这样实例对象被创建时，实例变量就会被赋值，可以在类的任意方法中调用。语法格式如下：

```
self.变量名 = 值
```

例 6.2 用 Animal 类创建 Mimi 对象和 Polly 对象，并调用类中的方法。

```
class  Animal():
     def __init__(self,name):
        self.Aname = name
    def  say_hello(self):
        print("Hello,my name is {}".format(self.Aname))
p = Animal("Polly")
m = Animal("Mimi")
p.say_hello()
m.say_hello()
```

程序运行结果如下：

```
Hello,my name is Polly
Hello,my name is Mimi
```

从上面例子可以看出，Aname 这个实例变量是在__init__()方法中创建的，同时用这个析构方法中的形参 name 为其赋值，当创建对象时，调用了这个析构方法，此时对象中的实参 Mimi 和 Polly 将传递给形参。注意，再次给这个实例变量赋值时，需要加上“self.”。如果程序缺少这部分，那么使用的变量就不是实例变量了，而是析构方法中的一个局部变量，局部变量的作用域仅限于析构方法内部，与实例变量的作用域不同。

实例对象通过“.”来调用它的实例方法 say_hello()，调用时并不需要给 self 参数赋值，因为 Python 会自动把 self 赋值为当前实例对象，因此，只需要定义方法时在括号中加上 self，调用时不用考虑它。

6.3　继　　承

在现实世界中，类和类之间不是孤立存在的，它们之间存在一般和特殊的关系，通过分析这种关系，可以将所有类组织成为一个层次结构，称为类层次。例如，动物包括鸟类和猫类。为了描述这种一般与特殊的类间关系，面向对象程序设计提供了相应的类定义方式，可以从已有类派生出新类，新类拥有已有类的所有属性和方法，这个过程称为继承，被继承的类称为父类或超类，继承的类称为子类。子类由父类生成，因而它拥有父类的一切属性，即静态属性和动态属性。但是，子类又具有自己的特点，可以改写父类属性，也可以创建新的属性。

在面向对象程序设计时，通常先定义父类，然后定义子类，并让子类继承父类，同时，在子类中再重新定义父类属性或添加自己的属性，继承实现了代码重用，子类可以不必重复定义从父类中继承来的属性，从而简化了程序。子类继承父类的语法格式如下：

```
class 子类名(父类名):
    方法定义 1:
```

例 6.3　定义一个动物类 Animal，然后定义 Bird 类和 Cat 类继承 Animal 类。

```
class Animal():
    def __init__(self,name,age):
        self.name = name
        self.age = age
    def eat(self):
        print("{}岁的{}在觅食".format(self.age,self.name))
    def sleep(self):
        print("{}岁的{}在睡觉".format(self.age,self.name))
class Bird(Animal):
    def __init__(self, name, age):
        super( ).__init__(name, age)
# 定义猫类，继承宠物类
class Cat(Animal):
    def __init__(self, name, age):
        super( ).__init__(name, age)
# 用鸟类和猫类分别创建对象，调用继承下来的方法
p = Bird("Polly","2")
c = Cat("Mimi","1")
```

```
p.eat()
c.sleep()
```

程序运行结果如下：

```
2 岁的 Polly 在觅食
1 岁的 Mimi 在睡觉
```

在例 6.3 中，super().__init__()就是继承父类的 init 方法，其作用等同于 Animal.__init()。

继承还有一种情况，即一个子类可以同时继承多个父类，这种继承被称为多继承。例如，一只猫，同时也是一只宠物，此时它就具备宠物和动物两种角色，但是这两种角色无法通过继承同一个父类来表现，不过在 Python 中使用多继承可以解决这样的问题，如图 6.1 所示。

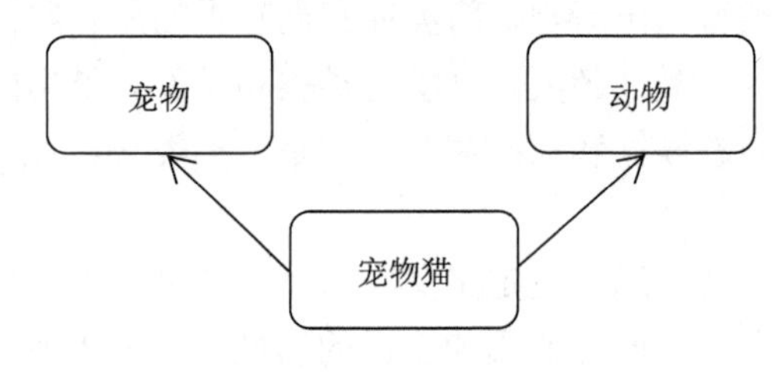

图 6.1　宠物猫类

多继承的语法格式如下：

```
class 子类类名(父类 1,父类 2):
        方法定义 1:
```

例 6.4　定义一个宠物猫类继承动物类和宠物类。

```
# 定义宠物类
class Pet():
    def __init__(self,name):
        self.name = name
    def dance(self):
        print("{}在跳舞".format(self.name))
# 定义动物类
class Animal():
    def __init__(self,name):
        self.name = name
    def sleep(self):
        print("{}在睡觉".format(self.name))
# 定义宠物猫类，继承宠物类和动物类
class Pet_Animal(Pet,Animal):
        print("初始化宠物猫")
# 创建子类对象，调用被继承下来的方法
cat = Pet_Animal("Mimi")
```

```
cat.dance()
cat.sleep()
```

程序运行结果如下：

```
初始化宠物猫
Mimi 在跳舞
Mimi 在睡觉
```

虽然多重继承是非常有用的工具，但是除非特别熟悉它，否则应尽量少使用，以免出现错误。

6.4　多　　态

多态来自希腊语，意思是“有很多形式”。多态意味着读者可以在不知道变量类型的情况下仍能对其进行操作，它也会根据对象（或类）类型的不同而表现出不同的行为。继承和方法重写是实现多态的基础。多态是面向对象程序设计的一个重要特征。

例 6.5　在动物类下面编写一个 eat()方法，用同一函数调用不同实例的 eat()方法。

```
class Animal():
    def eat(self,animal):
        animal.eat()
class Cat(Animal):
    def eat(self):
        print("I am a cat,and i just like fish")
class Dog(Animal):
    def eat(self):
        print("I am a dog,and i just like eat bone")
cat1 = Cat()
dog1 = Dog()
animal = Animal()
animal.eat(cat1)
animal.eat(dog1)
```

程序运行结果如下：

```
I am a cat,and i just like fish
I am a dog,and i just like eat bone
```

这里在 Animal 类里面定义了一个 eat()方法，eat()方法接收两个参数，一个是 self，另一个是 animal 类型的对象。在 eat()方法里，直接调用了 animal 类型的对象的 eat()方法。

接着定义了一个 Cat 类和一个 Dog 类，分别继承 Animal 类，并且都各自定义了 eat()方法，实际上就是方法重写，分别用这 3 个类创建了 3 个实例，将 cat1 和 dog1 这两个实例传进 Animal 的实例，实现了同一函数调用 cat1 和 dog1 实例的 eat()方法。

6.5 模块化编程思想

在现代社会生活中，模块化的思想在人们的日常生活中处处都有体现，搭建房屋、建造船舶、组装车以及设计电子器件常常都是模块化的设计。模块是指能够提供特定功能的相对独立的单元。通过模块化思想可以不必重复去做相同的事情。Python 提供了多种代码重用的方式，面向过程编程和面向对象编程，它们都是模块化编程思想的体现。

在之前的例子中已经用到一些模块，如 turtle 模块、math 模块等。当编写的程序规模变大，想把所有程序都存储在一个文件中时，这并不适用。现在典型的方法是将程序不同部分存储在不同的文件中，Python 提供了这样的编程方式，可以在多个文件中构建程序代码，从而完成比较复杂程序的协同。

模块化编程将软件分解为若干独立的、可替换的，具有预定功能的模块，每个模块实现一个功能，各模块通过接口（输入/输出）组合在一起，形成最终的程序。这样，可以使程序易设计、易实现、易测试、易维护和可重用。

Python 中的模块是一个以.py 结尾的 Python 代码文件，是把一组相关函数、类或代码保存在一个文件中形成的。其中，类和函数可以有 0 到多个。Python 中常用的模块有 math、random、string、os、sys 以及与网络处理相关的 httplib、ftplib 和 maillib 等。

定义一个模块只需要把文件保存为*.py 文件即可，但要注意文件不能以中文命名，否则导入时会报错。当使用该模块时，只需要调用模块，用“import+文件名.函数名、文件名.类名”或者“from 目录名 import 模块 as 模块别名”。当自定义的模块与当前程序文件位于相同目录时，可以简写为“import 模块 as 模块别名”。

这里要注意 import 导入文件路径的问题，Python 导入文件的默认路径是 sys.path，所以，导入的模块要么放置在与输入它的程序相同的目录中，要么用 sys.path.append 命令将所要导入文件的绝对路径添加到默认路径中。

Python 中包含了若干个能够处理时间的库，而 time 库是其中非常基本的一个，是 Python 中处理时间的标准库。time 库能够表达计算机时间，提供获取系统时间并格式化输出的方法，提供系统级精确计时功能（可以用于程序性能分析）。

time 库包含 3 类函数：time()、ctime()、gmtime()（见表 6.2）。

表 6.2 时间获取

函数	描述

time()	获取当前时间戳，即当前系统内表示时间的一个浮点数。例如：
	>>> import time
	>>> time.time()
	1584341528.5690455

ctime()	获取当前时间并返回一个可读方式的字符串。例如：
	>>> import time
	>>> time.ctime()
	'Mon Mar 16 14:59:35 2020'

续表

函数	描述

gmtime()	获取当前时间并返回计算机可处理的时间格式。例如：
	>>> import time
	>>> time.gmtime()
	time.struct_time(tm_year=2020,tm_mon=3, tm_mday=16,tm_hour=7,tm_min=6, tm_sec=2, tm_wday=0, tm_yday= 76, tm_isdst=0)

注：时间戳是从 1970 年 1 月 1 日 00:00 开始，到当前为止的一个以秒为单位的数值。

时间格式化是将时间以合适方式展示出来的方法，类似于字符串的格式化，展示模板由特定格式化控制符组成。时间格式化函数和格式化字符串如表 6.3 和表 6.4 所示。

表 6.3　时间格式化函数

函数	描述

strftime(tpl,ts)	tpl 是格式化模板字符串，用来定义输出效果；ts 是系统内部时间类型变量。例如：
	>>> import time
	>>> t=time.gmtime()
	>>> time.strftime("%Y-%m-%d %H:%M:%S",t)
	'2020-03-16 07:22:52'

strptime(str,tpl)	str 是字符串形式的时间值；tpl 是格式化模板字符串，用来定义输入效果。例如：
	>>> import time
	>>> timeStr='2018-01-26 12:55:20'
	>>> time.strptime(timeStr,"%Y-%m-%d %H:%M:%S")
	time.struct_time(tm_year=2018, tm_mon=1, tm_mday=26, tm_hour=12, tm_min=55, tm_sec=20, tm_wday= 4, tm_yday=26, tm_isdst=-1)

表 6.4　格式化字符串

格式化字符串	日期/时间说明	取值范围
%Y	年份	0000～9999
%m	月份（数字）	01～12
%B	月份（英文全称）	January～December
%b	月份（英文缩写）	Jan～Dec
%d	日期	01～31
%A	星期（英文全称）	Monday～Sunday
%a	星期（英文缩写）	Mon～Sun
%H	小时（24 小时制）	00～23
%I	小时（12 小时制）	01～12
%p	上/下午	AM，PM
%M	分钟	00～59
%S	秒	00～59

程序计时指测量起止动作所经历时间的过程，主要包括测量时间和产生时间两部分。time 库提供了一个非常精准的测量时间函数 perf_counter()，该函数可以获取 CPU 以其频率运行的时钟，这个时间往往是以 ns 来计算的，所以这样获取的时间非常精准。

另外产生时间函数 sleep()，它可以让程序休眠或产生一段时间（见表 6.5）。

表 6.5　程序计时

函数	描述

perf_counter()	返回一个 CPU 级别的精确时间计数值，单位为 s。由于这个计数值起点不确定，因此连续调用求差值才有意义。例如：
	>>> import time
	>>> startTime=time.perf_counter()
	>>> print(startTime)
	9.621589306950508e-07
	>>> endTime=time.perf_counter()
	>>> print(endTime)
	41.478044816080114
	>>> endTime-startTime
	41.478043853921186

sleep(s)	s 为休眠时间，单位为 s，可以是浮点数。例如：
	>>> import time
	>>> def wait():
	time.sleep(3.3)
	>>> wait()　　# 程序会等待 3.3s 才输出

6.6　应 用 实 例

例 6.6　学生类问题。

设计一个学生类 Student，其中的数据成员有：字符串类型 sname 表示录入的学生姓名，整型值 mscore 代表学生的数学成绩，整型值 cscore 代表学生的语文成绩，整型值 escore 代表学生的英语成绩，要求根据录入的学生成绩（各不相同）输出总分最高的学生姓名和该学生各科目的成绩。

要求输入分为 4 个部分：

1）输入学生姓名，以空格分隔。

2）输入学生的数学成绩（各不相同的正整数），以空格分隔。

3）输入学生的语文成绩（各不相同的正整数），以空格分隔。

4）输入学生的英语成绩（各不相同的正整数），以空格分隔。

学生姓名个数和成绩个数一定会相同。

输出格式：

共一行，为总分最高的学生姓名和该学生各科目的成绩，以空格分隔。

输入样例：

```
jack tom
95 84
90 75
85 90
```

输出样例：

```
jack 95 90 85
```

代码如下：

```
class Student():
    def __init__(self,sname,mscore,cscore,escore):
        self.sname = sname
        self.mscore = mscore
        self.cscore = cscore
        self.escore = escore
        self.total = mscore+cscore+escore
    def __lt__(self, other):
        return self.total > other.total
    def __str__(self):
        return "{} {} {} {}".format(self.sname,self.mscore,self.cscore,
self.escore)

sname = input().split()
mscore = list(map(int,input().split()))
cscore = list(map(int,input().split()))
escore = list(map(int,input().split()))
slist=[]
for i in range(len(sname)):
    slist.append(Student(sname[i],mscore[i],cscore[i],escore[i]))
slist.sort()
print(slist[0])
```

程序运行结果如下：

```
jack tom
95  84
90  75
85  90
jack 95 90 85
```

例 6.7　时间差之天数计算。

输入样例：

```
2018 年 10 月 16 日 15 点 12 分 20 秒,2018 年 10 月 18 日 13 点 12 分 21 秒
```

输出样例：

```
1
```

提示：此题需要用到 time 模块。计算两个时间差的绝对值，输出相差的完整天数。time.strptime(s, tpl)把字符 s 按照 tpl 格式转变成 struct_time 格式，time.mktime(t)把

struct_time 格式时间 t 转变成浮点数形式。

```
import  time
ls = input().split(",")
ta = time.strptime(ls[0], "%Y年%m月%d日%H点%M分%S秒")
tb = time.strptime(ls[1], "%Y年%m月%d日%H点%M分%S秒")
print(int(abs(time.mktime(ta)-time.mktime(tb))//(3600*24)))
```

程序运行结果如下：

```
2018年10月16日15点12分20秒,2018年10月18日13点12分21秒
1
```

例 6.8 羊、车、门问题。

有 3 扇关闭的门，一扇门后面停着汽车，其余门后是山羊，只有主持人知道每扇门后面是什么，参赛者可以选择一扇门，在开启它之前，主持人会开启另外一扇门，露出门后的山羊，然后允许参赛者更换自己的选择。请问参赛者更换选择后能否增加猜中汽车的机会？请使用 random 库对这个随机事件进行预测，分别输出参赛者改变选择和坚持选择获胜的概率。这个问题可以先用数学思维来分析。

提示：首先假设不改变选择，那么这种情况下选中汽车的概率就是 $\frac{1}{3}\times\frac{1}{2}$（是否是车）= 16.67%，即坚持原选择，猜中车的概率为 16.67%。改变选择，实际上是在上一次选择剩余的基础上，经主持人剔除掉一个错误项后，再看是否是车的概率，即 $\frac{2}{3}\times\frac{1}{2}$（是否是车）= 33.33%。

```
import random
TIMES = 10000
sum_nc=0
sum_c=0
for i in range(TIMES):
    car_nc=random.randint(0,2) # 未公布时，车的位置有 3 种可能，概率为 1/3
    nc=random.randint(0,2)     # 人有 3 种选择
    if nc==car_nc:             # 如果人猜测的位置和车的位置一样，计数变量加 1
       sum_nc+=1;
    else:
       sum_c+=1;
print("坚持选择，选对的概率：{:.2f}".format(sum_nc/TIMES))
print("更换选择，选对的概率：{:.2f}".format(sum_c/TIMES))
```

程序运行结果如下：

```
坚持选择，选对的概率：0.34
更换选择，选对的概率：0.66
```

思　考　题

1．假设要设计一个名为 Calculator 的类。Calculator 对象可以用来实现简单的计算器功能。那么 Calculator 对象可能具有什么状态？它的行为可能是什么？

2．定义学生类和老师类，通过构造函数给其属性赋值，然后输出它们的对象信息。

3．定义一个水果类，然后通过水果类创建苹果对象、橘子对象、西瓜对象并分别添加颜色属性。

4．定义一个汽车类（Car），属性有颜色、品牌、车牌号、价格，并实例化两个对象，给属性赋值，并输入属性值。

5．输入年月日，判断这一天是第几天？输入 2021/9/1，判断这一天是该年的第几天。

提示：此时需要使用 datetime 库，该库与 time 库有所不同，应加以区分。

思考题答案

第 1 章

1. D
2. D
3. 3 圈
4.

   100

   200

   400

第 2 章

1. C
2. A
3. False
4. 1.5　2.0
5.

```
r=input('输入半径 r:')
r=float(r)
s=3.14*r*r
print('圆的面积为',s)
```

第 3 章

1.

```
x = 3
guess = 0
cnt = 0

while(guess != x):
    cnt += 1
    guess = eval(input("请输入猜测的数字："))
    if type(guess) != int or guess < 1 or guess > 9:
```

```
            print("请输入1-9之间的整数。")
            cnt -= 1 # 错误输入不计算猜测次数
            continue
        if(guess < x):
            print("太小了")
            continue
        elif(guess > x):
            print("太大了")
            continue
else:
    print("第", cnt, "次，你猜中了！")
```

2.

```
lst = [float(input("请输入第"+str(i+1)+"门课程成绩：")) for i in range(5)]
avg = sum(lst) / len(lst)
if avg >= 90:
    print("你的积点制得分为4.0，五分制得分为优。")
elif avg > 85:
    print("你的积点制得分为3.7，五分制得分为优。")
elif avg > 82:
    print("你的积点制得分为3.3，五分制得分为良。")
elif avg > 78:
    print("你的积点制得分为3.0，五分制得分为良。")
elif avg > 75:
    print("你的积点制得分为2.7，五分制得分为良。")
elif avg > 72:
    print("你的积点制得分为2.3，五分制得分为中。")
elif avg > 68:
    print("你的积点制得分为2.0，五分制得分为中。")
elif avg > 64:
    print("你的积点制得分为1.5，五分制得分为中。")
elif avg > 60:
    print("你的积点制得分为1.0，五分制得分为及格。")
else:
    print("你的积点制得分为0，五分制得分为不及格。")
```

3.

```
i = 1
tol = 0
while(i <= 100):
    tol = tol + i
    i = i + 1
print("1+2+3+4+5+…+100=", tol)
```

4.

```
tol = 0
sign = 1
for i in range(1,100):
    tol = tol + sign * i
    sign = - sign
    print("1-2+3-4+5-6+…-98+99=", tol)
```

5.

```
for d in range(1,6):
    for b in range(1,6):
        print(d * 10 + b, end = ' ')
    print('\n')
```

第4章

1.

```
#!/usr/bin/python
# -*- coding: utf-8 -*-
str1 = input()
a,b = map(str,input().split(" "))
s = str1[::-1]

for i in range(0,len(s)):
    if s[i] == b:
        print(len(s)-i-1,b)

for i in range(0,len(s)):
    if s[i] == a:
        print(len(s)-i-1,a)
```

2.

```
content = input('请输入内容：计算十进制小数个数和字母个数')
num = 0
zimu = 0
for n in content:
    if n.isdecimal() == True:
        num+=1
#       print ('数字个数 ',(num))
    elif n.isalpha() == True:
```

```
        zimu+=1
#         print ('字母个数',zimu)
    else:
        pass
print ('数字个数 ',(num))
print ('字母个数',zimu)

请输入内容：计算十进制小数个数和字母个数 56gou<<<ijh78
数字个数  4
字母个数 6
```

3.

```
# 定义列表
names = ['fentiao','fendai','fensi','apple']
# + 和 join 都表示连接，join 可以指定分隔符连接
# 列表的“索引”和“切片”都相当于“分离”
print('I have ' + ','.join(names[:3]) + ' and ' + (names[3]))
```

程序运行结果如下：

```
I have fentiao ,fendai ,fensi and apple
```

4.

1）将列表中的'tt'变成大写（两种方式）：

```
#!-*-coding:utf-8 _*_
list = [['k', [ 'qwe ', 20, { 'k1': [ 'tt', 3, '1']}, 89], "ab']]
print(list[0][1][2].get('k1 ')[0].upper())    # TT 方法 1，upper()返回
大写字符串
print(list[0][1][2].get( 'k1 ')[0].swapcase()) # TT 方法 2，Swapcase()
大小写互换
```

2）将数字 3 变成字符串 '100'（两种方式）：

```
#!-*- coding:utf-8 -*-
list = [['k',[ "qwe ',  20, {'k1': [ 'tt ', 3, '1']}, 89],'ab']]
list[0][1][2].get( 'k1')[1] = "100"
list[0][1][2]['k1'][1]= "100"
print(list)
```

3）将列表中的字符串'1'变成数字 101（两种方式）：

```
#!-*-coding: utf-8 -*-
list = [[ 'k', [ 'qwe ', 20, { 'k1': [ 'tt',  3, '1']}, 89],'ab']]
list[0][1][2]['k1'][-1] = 101         # 方法 1
```

```
list[0][1][2].get( 'k1')[2]= 101     # 方法2
print(list[0][1][2].get( "k1 '))
```

5.

```
import random
f = open('data.txt', 'w+')
for i in range(100000):
f.write(str(random.randint(1,100)) + '\n')

f.seek(0)
print(f.read())
f.close()
```

第 5 章

1. 略
2.

```
def cal(a,b):
    for i in range(a,b):
        flag = 0
        for j in range(2,i-1):
            if i % j  == 0:
                flag =1
                break
        if flag == 0:
            print(i)

cal(100,200)
```

3.

```
def calculate(*args):
    avg = sum(args)/len(args)
    up_avg = [ ]
    for item in args:
        if item > avg:
            up_avg.append(item)
    return avg,up_avg

print(calculate(1,2,3,4,5))
```

4.

```
def  reverse(strs):
    if len(strs) == 0:
        return ""
    else:
        return  reverse(strs[1:])+strs[0]
strs = input("请输入: ")
print(reverse(strs))
```

5.

```
def res(n):
    r = 10
    if n ==0:
        return 1
    else:
        return r*res(n-1)

a = eval(input('请输入正整数: '))
print(res(a))
```

第 6 章

1—4. 略

5.

```
from datetime import *
d = input('请输入日期: ')
d1 = datetime.strptime(d[:4]+'/1/1','%Y/%m/%d')
d2 = datetime.strptime(d ,'%Y/%m/%d')
print((d2 - d1).days+1)
```

参考文献

罗剑，2020．Python 程序设计基础教程[M]．武汉：华中科技大学出版社．

李莹，焦福菊，孙青，2018．Python 程序设计与实践[M]．北京：清华大学出版社．

千锋教育，2021．Python 青少年趣味编程[M]．北京：中国水利水电出版社．

嵩天，礼欣，黄天羽，2017．Python 语言程序设计基础[M]．2 版．北京：高等教育出版社．

斯图尔特・里杰斯，马蒂・斯特普，艾利森・奥伯恩，等，2020．Python 程序设计与算法思维[M]．苏小红，袁永峰，叶麟，等译．北京：机械工业出版社．

赵广辉，2019．Python 语言及其应用[M]．北京：中国铁道出版社．